やってみよう アンケートデータ分析

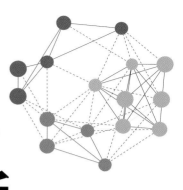

選択式回答の
テキストマイニング流分析

牛澤賢二
和泉茂一 ［著］

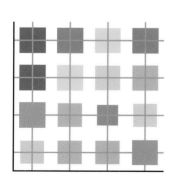

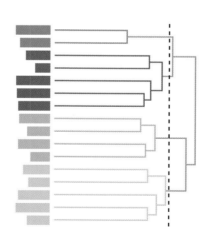

朝倉書店

は じ め に

　テキストマイニングとは，文書形式のデータを品詞単位の単語に分解し，単語の出現頻度や単語どうしの関連性を分析することで文書全体の特徴を理解しようとする手法です．本書の姉妹書『やってみようテキストマイニング』（牛澤，2018/2021）では，アンケートデータのうち自由回答形式のテキストデータを分析する方法を解説しました．

　本書は複数回答，評定尺度型データなどのテキスト形式ではない選択式データを対象としてテキストマイニングを利用して分析する方法——テキストマイニング流分析——を提唱しています．テキストマイニングツールとして立命館大学の樋口耕一教授によって開発された KH Coder[1] を使用しています．高機能で使いやすく，初心者から専門家まで多くの人が利用している優れたソフトウェアです．これによって自由回答も選択式回答も区別することなくアンケートデータを分析することができるようになります．

　選択式データをテキストマイニング流で分析する主な理由は 2 つあります．その 1 つは分析結果を分かりやすく可視化できることです．可視化はどのような分析であっても重要なポイントと言えます．もう 1 つは分析者の仮説を「仮説コード」という形で柔軟に取り込んで検証できるという点です．本書の第 1 章では以上の 2 つのポイントに重点を置いて，テキストデータを用いてテキストマイニングの考え方と手順を事例に基づいて説明しています．

　一般的なやり方で選択式データを分析する際には最初に単純集計やクロス集計などの基本的な分析を行い，さらに因子分析，数量化Ⅲ類，クラスター分析などの多変量解析の手法を応用して項目間・カテゴリー間の複雑な関係を明ら

＊ 1）　KH Coder は無償のベータ版を終了し有償の正式版に移行しました．正式版の Starting Edition（無料版）は分析できるデータ数に制限がありますが，本書の事例データは『動かして学ぶ！はじめてのテキストマイニング』（樋口ら，2022），『社会調査のための計量テキスト分析』（樋口，2014/2020），『やってみようテキストマイニング』（牛澤，2018/2021）などの書籍の付属データと同じように Starting Edition でも動作できます（KH Coder の Web サイト https://khcoder.net 参照）．

かにしていきます．多変量解析を行うことによって基本的な集計では分からなかったデータの特徴が見えてきて，あらためて基本的な分析を見直してみることも大切なデータ分析のプロセスといえます．ただし基本的な分析と多変量解析の間には厚い壁があり，基本的な分析だけで済ますことも少なくありません．テキストマイニング流分析の強みである「可視化」の手法には，そのギャップを埋める役割が期待できます．もう1つのポイントである「仮説コード」を利用する効果について考えてみます．アンケート調査の質問項目やカテゴリーは調査を企画した人の事前の仮説を表現したものです．実際にデータを収集して分析してみると「もしかしたらこういうことを言っているのかな」というような事後的な問いが生まれることも稀ではありません．そういった事後的な問いに基づき質問項目やカテゴリーを組み替えたり併合したりすることで新しく定義される分析カテゴリーが「仮説コード」です．分析者は自由に仮説コードを作り，あらためて集計分析することができます．しかもとても簡単に．アンケートデータの見え方が今までと変わってきます．

　本書は6つの章と2つの付録で構成されていますが，第5章までの事例データは朝倉書店のWebサイト（https://www.asakura.co.jp）の本書紹介ページに公開していますので，読者はテキストマイニング流分析を一緒に体験しながら理解することができます．各章の概要は以下の通りです．

　第1章ではテキスト形式のデータを対象にした本来のテキストマイニングの考え方と手順を説明しています．はじめてテキストマイニングを学ぶ人だけではなく，すでに基本的な分析手順を知っている読者も，本書のポイントである可視化と仮説コーディングについて説明していますので必ず確認してみてください．本書ではテキストマイニング流の分析アプローチをとるので，分析対象はテキスト形式のデータです．そのために第2章では選択式データをあらかじめテキスト化する方法について説明しています．そのあとの3つの章でタイプの異なる選択式データに対してテキストマイニング流分析の具体的な方法を解説しています．第3章では複数回答，第4章では評定尺度，第5章では複数の単一回答のデータをテキストマイニング流分析する方法を，それぞれ因子分析や数量化III類などの従来型の分析方法と比較しながら説明しています．第6章は社会調査におけるテキストマイニング流分析の例を紹介しています．最後の

2つの付録では従来型の方法としての数量化Ⅲ類や因子分析などをフリーソフトウェアRを使って分析する方法を紹介しています.

　本書を執筆するにあたり多くの方々からご協力をいただきました．立命館大学の樋口耕一教授，株式会社SCREENからの特別のご厚意により本書の事例データをKH CoderのStarting Editionでも利用できることになりました．株式会社シード・プランニング代表取締役 梅田佳夫氏と主任研究員 原健二氏，産業能率大学名誉教授 本多正久氏，産業能率大学旧地域科学研究所からは事例データの提供とともに数々の貴重な助言をいただきました．国立研究開発法人新エネルギー・産業技術総合開発機構（NEDO）の和泉茂一氏には第6章を執筆していただきました．また朝倉書店の編集部の方々にはカラー版の面倒な編集にご尽力いただき，たいへん見やすく分かりやすい本に仕上げていただきました．ご協力いただいた皆様にはここにあらためて感謝の意を表します.

2024年5月

牛 澤 賢 二

目　　　次

1 テキストマイニングの基礎

本書の目的はアンケート調査の選択式回答をテキストマイニング流で分析する方法を提案し紹介することです．そのためにまず本章では，テキストマイニングの本来の分析対象である文書形式データ（テキストデータ）を分析する方法と，第 2 章以降で利用するテキストマイニング用のソフトウェア KH Coder の使い方について解説します．

1.1 アンケート調査におけるテキストマイニングの手順とポイント

アンケート調査で自由記述型回答を分析する場合のテキストマイニングの手順を **図1.1** に示しました．順を追って概要を説明します．

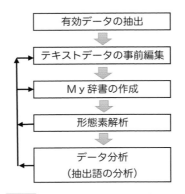

図1.1 テキストマイニングの手順

■1.1.1　有効データの抽出

　アンケート調査の自由回答には，無回答や「なし」「特になし」などのテキストマイニングにとっては無効なデータが含まれます．最初にこれらの無効なデータを取り除いて，分析に有効なデータのみを抽出します．ただし，無効なデータについては性別や年代などの基本属性との関わりを調べて，偏りがないかどうかをチェックしておくことも重要です．分析結果を解釈する際にはその点に注意してください．

■1.1.2　テキストデータの事前編集

　自由回答には誤字脱字などが含まれます．また同じ言葉であっても，漢字，ひらがな，カタカナあるいはそれらの組み合わせなど，いわゆる表記の揺れが発生します．テキストマイニングを行う前にこれらを編集する作業がこの段階です．ただし，実際には分析途中で発見できることも多いので，このステップを含めて何回か繰り返し試行錯誤しながら分析を進めます．

■1.1.3　My 辞書の作成

　My 辞書は次の「形態素解析」の段階で必要となる 2 つの辞書のうちの 1 つです（My 辞書とは仮の名称です）．もう 1 つはテキストマイニングのソフトウェア内に標準的に装備されているシステム内の辞書です．両方とも文書から語（言葉）を切り出すために使われます．My 辞書は標準装備されている辞書には載っていない，分野別の専門的な用語や新しい言葉などを分析者が独自に定義して作成する辞書です．専門分野の用語辞典などを活用するのも有効です．また同じデータを複数のメンバーがそれぞれ独自に分析する際には，これらの辞書を共有することが大切です．ばらばらに My 辞書を作ると，あとの調整がたいへんです．My 共有辞書として利用しましょう．

■1.1.4　形態素解析

　形態素解析とはシステム内の辞書と My 辞書を使って文書から品詞別の語（言葉）を切り出すことです．**図1.2** は「高齢者向けサービス」のアンケート調査の自由回答（［1］）を形態素解析して語（言葉）を切り出した例です．テ

18	具体 / 的 / な / アイディア / は / 浮かば / ない / が / 、 / 基本 / 的 / に / は / 、 / 機械 / や / テクノロジー / に / 頼る / こと / なく / 、 / 心 / の / 触れ合い / を / 重視 / し / た / サービス / が / あれ / ば / 良い / と / 思う / 。
22	宗教 / を / 介さ / ず / に / 死ぬ / こと / に対する / 恐怖 / 心 / を / 軽減 / し / て / くれる / サービス
24	高齢 / 者 / 向け / の / 医療 / サービス / や / レクレーション / 等 / が / 充実 / し / た / 施設
36	家事 / や / 買い物 / の / 代行 / など / 、 / 日々 / 生活 / で / 必要 / な / サービス / が / 無料 / も / しく / は / わずか / な / 費用 / で / 受け / られる / よう / に / なる / こと / 。
42	高齢 / 者 / を / ただ / 見守っ / て / 介護 / する / だけ / で / なく / 、 / リハビリ / ・ / ストレッチ / 等 / 、 / 手先 / だけ / で / なく / 、 / 脳 / の / 活性 / 化 / や / 神経 / 系 / の / 使い方 / を / 補強 / できる / サービス / が / ほしい / 。
48	訪問 / し / て / くれ / て / 会話 / し / て / くれる / サービス
52	困っ / た / とき / に / 気軽 / に / 電話 / など / で / 具体 / 的 / に / 相談 / できる / 公的 / サービス / 。
66	栄養 / バランス / を / 考え / た / ヘルパー / サービス / 。
70	買物 / へ / の / 同行 / サービス / 。
71	庭木 / の / 伐採 / や / 草刈 / サービス / 。
87	家 / など / の / 資産 / を / 有効 / に / 活用 / できる / サービス / 。
92	集会 / 所 / や / 食事 / の / 手配 / など / 、 / 生活 / 面 / 全般 / にわたる / サービス / が / 必要 / 。
96	簡単 / な / 手続き / で / 身近 / な / サービス / を / 受け / られる / こと / 。
98	何 / か / あっ / た / 時 / の / お手伝い / サービス
108	国内 / 旅行 / を / する / 際 / に / 同行 / し / て / もらい / 、 / でき / ない / こと / を / 代行 / し / て / もらえる / エスコート / サービス
119	必要 / な / 時 / に / 必要 / な / サービス / の / 提供

図1.2 「高齢者向けサービス」の自由回答を形態素解析して語を切り出す

キストマイニングでは，これらの語が分析対象のデータになります．実際のアンケート調査の場合には，切り出される語の数は数千あるいは数万個になることも珍しくありません．したがって次の「データ分析」の段階では，これらの語から分析対象の語をあらかじめ絞り込んで分析します．絞り込みの基準には出現頻度や品詞などの特徴が利用されます．この段階まではテキストマイニングのいわば前処理です．

　なお，第2章以降ではアンケート調査の選択式回答をテキストマイニング流で分析する方法を説明していますが，その場合の形態素解析は分析者が定義したMy辞書だけを使います．したがって **図1.2** に示したような，品詞別の語を切り出すという本来の意味での形態素解析は必要ないことになります．

■1.1.5　データ分析（抽出語の分析）：2段階の分析

　形態素解析によって切り出された語の中から分析対象の語を抽出し，いろいろな統計手法などを駆使して，出現頻度の分布や抽出語間の関連性を分析します．結果はほとんど可視化して表示されます．

　アンケートデータのテキストマイニングは段階的に進めるのが有効です．段

階1は，抽出した語の出現頻度や語と語の間の関連性を分析しますが，そこから全回答者の言わんとしていることの全体像がだいたい見えてきます．たとえば **図1.3** は先ほどのデータを単純に抽出語の出現頻度順に並べたものです．

1.3節以降で利用するKH Coderではこの段階1を「探索的な分析」と呼んでいます．さらに段階2の分析では段階1で得られたことをヒントに，全文書を内容的にいくつかのグループあるいはテーマに分類することを試みます．**図1.4** はアンケート中の抽出語をもとに全文書を8つのグループに分類した例です．

この手順は事後的に複数回答の選択肢を作って回答を自動的に分類する方法，と考えてもいいと思います．選択式の設問は調査をする前に選択肢が設定されているのに対して，自由回答の分析では段階1での検討を経て，調査結果を見たあとで選択肢を作るというイメージです．このように分析者が選択肢を定義したものを仮説コードと言い，コーディングルール・ファイルとしてシステム内に設定します．設定した仮説コードを段階1の抽出語と同じように分析

	A	B	C	D	E	F	G	H	I
1	名詞		サ変名詞		形容動詞		固有名詞		組織名
2	高齢	115	サービス	217	必要	31	スマ	4	毎日
3	家事	38	買い物	65	健康	19	リ	1	ハローワー
4	自分	28	介護	63	気軽	15	姨捨	1	パ
5	システム	20	生活	45	簡単	9			
6	ロボット	19	施設	41	安価	7			
7	病院	18	代行	39	緊急	7			
8	自宅	17	支援	34	元気	7			
9	無料	15	食事	28	自由	6			
10	場所	14	利用	26	いろいろ	4			
11	地域	14	掃除	23	孤独	4			
12	社会	13	交流	18	好き	4			
13	医療	12	仕事	18	安全	3			
14	日常	12	充実	15	個別	3			
15	保険	12	相談	15	色々	3			
16	バス	11	補助	15	普通	3			
17	話し相手	11	一緒	14	可能	2			
18	コミュニテ	10	外出	13	楽	2			
19	ペット	9	宅配	13	完全	2			
20	ホーム	9	訪問	13	気楽	2			

図1.3 品詞別の抽出語一覧

テーマ	抽出語	出現頻度
日常生活支援	家事 or 日常 or 生活 or 買い物 or 食事 or 宅配 or 掃除 or 洗濯 or 日常生活 or 配達 or 宅食 or ゴミ or 外出 or バス or タクシー or 代行	198
介護	介護 or 保険 or 医療 or 健康 or 健康増進 or ヘルパー or 介助 or デイサービス or ロボット or 認知症 or デイケア	108
交流	交流 or 交流会 or 人 or 一緒 or 会話 or 集まり or 集まる or 話し相手 or 話す or 相手 or コミュニティ or お茶 or コミュニケーション or サークル or 繋がり or 集まれる or サロン or 社交	97
見守り	見守る or 見守り or 見回り or 見張り or 安否確認 or 安否 or 様子 or 訪問 or 緊急 or 相談	71
経済的支援	年金 or 収入 or 無料 or ただ or 有料 or 無料化 or 安価 or お金 or 低価格 or 経済的 or 住宅 or ホーム or マンション	62
施設整備	施設 or 図書館 or 福祉センター or 保養所	42
趣味支援	趣味 or 旅行 or 旅 or カラオケ or アウトドア or カルチャー or レクリエーション or 教養 or スポーツ or 体操	37
仕事・社会活動	仕事 or ビジネス or 働く or 働ける or 雇用 or 職業 or ハローワーク or ボランティア活動 or 社会活動	31

図1.4 「高齢者向けサービス」の文書を 8 つのグループに分類

することによって，全回答者の回答を分類し，要約した形で理解することが可能になります．段階 2 を「仮説検証的な分析」と呼んでいます．以上の分析手順は 1.5 節で具体的な事例をもとに詳しく説明しますので，ここではだいたいのイメージをつかんでいただければ十分です．

1.2 事例データ：おそうじロボット調査[*1]

　ここからは実際のアンケート調査の事例データを用いてテキストマイニングの進め方を説明していきます．調査事例は株式会社シード・プランニングから提供していただいた「おそうじロボット」に関する調査データです． **図1.5** に調査内容， **図1.6** にデータの一部を示しました（演習用データ：おそうじロボットへの要望.xlsx）．調査内容の「Q12：望むこと（FA）」が自由回答部であり，本章でテキストマイニングの対象とするデータです．「性年代」などのカテゴリカルな項目は外部変数と呼び，テキストデータとの関連性を分析します．アンケート調査の自由回答の質問内容は，ほかの選択式回答などとの関連で設定

*1）データを提供いただきました株式会社シード・プランニング代表取締役梅田佳夫氏，プロジェクト担当の主任研究員原健二氏に改めてお礼申し上げます．

されているので，当然それらの集計分析結果も踏まえながら解釈していきます．

購入者に対する質問	非購入者に対する質問
□ 「おそうじロボット」を購入するまでのこと 　　Q1：ブランド名 　　Q2：購入時期 　　Q3：購入理由（MA） 　　Q4：一番購入を望んだ人（単身世帯以外） 　　Q5：購入場所 □ 「おそうじロボット」を購入して／利用実態 　　Q6：利用頻度 　　Q7：使わない理由（FA） 　　Q8：掃除の時間 　　Q9：重要な機能・性能（MA） 　　Q10：電気掃除機との使い分け □ 「おそうじロボット」を使って／満足度評価 　　Q11：6項目の満足度（4段階評定尺度） 　　Q11-1,2：満足，不満の理由（FA） 　　Q12：望むこと（FA）	Q13：「おそうじロボット」のイメージ（MA） 　　Q14：「おそうじロボット」の購入条件（MA） 　　Q15：特に，「価格」面の条件 購入者・非購入者の両者に対する共通質問 　　Q16：「おそうじロボット」が電気掃除機全体 　　　　　の2, 3割まで普及するか？ 　　Q17：IT機器で操作できる「おそうじロボット」 　　　　　の普及予想 基本属性 　　性別，年代など

図1.5　「おそうじロボット」の調査内容

No	性別	年代	性年代	住居	総合評価	要望
1	女	40代	女40代	マンション	3	音と作動時間
2	女	40代	女40代	一戸建ほか	2	掃除の書き取りブラシが短いし、絡まったりダメになりやすい。音がうるさい
3	女	50代以上	女50代以上	マンション	2	音がうるさい
4	女	40代	女40代	一戸建ほか	2	同じところを（例えばしばらく玄関ホールから出てこられない）ぐるぐる回っていたりするので、もう少し効率がよくなればいいなとは思います。
6	女	40代	女40代	マンション	3	あちこちに動かないで徐々に動いてくれると掃除したところが分かり易い。音をもう少し静かにしてほしい。隅までお願いしたい。
7	女	40代	女40代	マンション	2	吸引力や価格の見直し
8	男	50代以上	男50代以上	マンション	2	もう少し段差を乗り越えられるようになればいい
9	男	30代	男30代	アパート	2	価格を安く
10	女	20代	女20代	マンション	2	融通をきかせてほしい
11	女	40代	女40代	マンション	2	値段が安くなるといい
12	男	50代以上	男50代以上	マンション	2	動作音が少し大きいこと。
13	男	20代	男20代	一戸建ほか	2	全体的な性能の向上。
14	女	40代	女40代	マンション	2	音が大きい。
16	女	40代	女40代	マンション	3	ゴミセンサーの性能力アップ
17	男	50代以上	男50代以上	一戸建ほか	2	繰り返し使用しているとどうしても不具合が出てきます。たとえば「充電してください」の音声が繰り返し流れる。
18	男	30代	男30代	アパート	3	拭き掃除、ワックス、消毒、静
19	女	20代	女20代	一戸建ほか	2	テレビの音が聞こえにくくなるのでもう少し小さい音になったらいいのになぁと思います
20	男	40代	男40代	一戸建ほか	3	静粛性

図1.6　テキストマイニングの対象データの一部

1.3 KH Coder の構成と主な機能

KH Coder は樋口耕一氏によって開発されたテキストマイニングのためのソフトウェアです．はじめてテキストマイニングに挑戦する人から専門家まで幅広く利用されている優れたソフトウェアです．本書でも利用させていただきますが，詳しい内容については1.7節（p.30）と本章の参考文献を参照してください．

はじめに KH Coder の構成と主な機能を説明します．**図1.7** に KH Coder のメニュー構成と機能の概要を示します．

KH Coder には，プロジェクト，前処理，ツールという3つの主要なサブメニューがあります．プロジェクトメニューには分析対象ファイルの初期設定や開閉，中間結果などを Excel ファイルにエクスポートするなどの機能があります．前処理メニューには1.1節で説明した My 辞書を設定して形態素解析までを実行するための分析の前処理の機能があります．ツールメニューにはデータ分析の各種機能があります．ここには探索的な分析を行う［抽出語］と［文書］，分析者が定義した仮説コードを対象とする仮説検証的な分析を実行する

【メインメニュー】

【プロジェクト】

プロジェクトファイルの設定・開閉のほか，Excel ファイル等へのエクスポート機能など．

【前処理】分析の準備

データチェック，［前処理の実行］（形態素解析），［語の取捨選択］（My 辞書の設定など），［複合語の検出］を行う．［語の取捨選択］の後は再度［前処理の実行］を行う．

【ツール】テキストマイニングの実行

分析の3つの軸：
［抽出語］（縦・変数方向）
［文書］（横・サンプル方向）
［コーディング］（分析者が定義するコード）
からの分析を指示するほか，外部変数の読み込みなどを行う．

図1.7 KH Coder の構成と機能概要

［コーディング］という3つのメニューがあります．次の節からは，いよいよ事例データを読み込み，形態素解析を経てデータ分析へと進んでいきます．

1.4 データの読み込みから形態素解析まで

■1.4.1 データの読み込み

おそうじロボットのデータを読み込んで形態素解析まで実行してみましょう．**図1.8** にデータを新規のプロジェクトとして読み込む方法を示しました．**図1.6** のデータファイルを読み込んで分析対象とするテキスト部として「要望」を選択します．

新規にデータファイルを設定した場合には **図1.9** のようにして，［前処理／テキストのチェック］を行います．データに問題がある場合には警告が出て，画面にその内容を表示できます．半角の数字や丸数字が使われているときに問題点として警告される場合が多いようです．確認してもとの Excel ファイルに戻って修正すべきか否かを判断するのがいいでしょう．適当な対応をして問題点の指摘がなくなったら，次に［前処理の実行］をクリックします．形態

【プロジェクト】

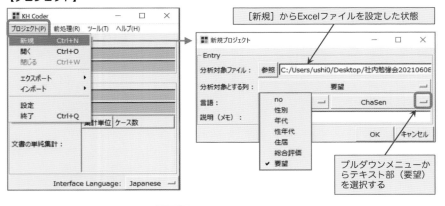

図1.8 データの読み込み

分析対象の Excel ファイルを設定し，分析対象とする列を選択する．既存のプロジェクトは［開く］から選択する．

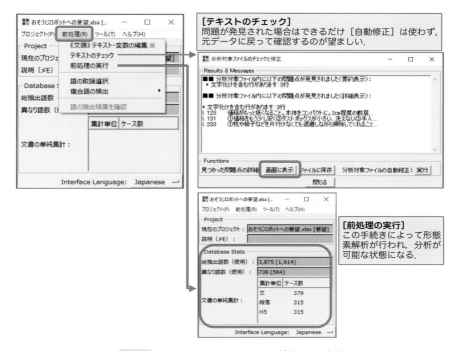

図1.9 テキストのチェックと前処理の実行

素解析が実行され，すべての文書から品詞別の語が切り出されます．テキスト
のボリュームによっては時間がかかります．「おそうじロボット」の場合には
数秒で終了します（Windows 10，CORE i5 で実行した場合）．メインメニュー
の［Database Stats］部分に総抽出語数や読み込まれたサンプル数（H5），語
数などの情報が示されます．語数には区切り文字や助詞などテキストマイニン
グの対象にならない文字はカウントされません．この状態まで進めば，続いて
メニューの［ツール］に進んでデータ分析をすることができるようになります
が，その前にもう少し作業を続けます．

■1.4.2 My 辞書の作成

切り出された語（抽出語）を確認する方法はいくつかありますが，**図1.10**
は前処理メニューの［語の抽出結果を確認］画面で「吸引」を検索した結果で

す．おそうじロボットについて調べているので，ここでは「吸引力」として切り出されるのが妥当であると思います．自動的に抽出される語と分析者が想定する語が一致するとは限りません．専門的な用語などは特にこのようなケースが発生します．

こんな時に使われるのが 1.1 節で説明した My 辞書です．アンケート調査の場合，分析者が作成する My 辞書を使わないでテキストマイニングすることはまずありません．KH Coder には My 辞書を作る際のヒントを与えてくれる機能があります．**図1.11** に示す前処理メニューの［複合語の検出］がその機能です．「吸引力」が複合語リストの最初に載っています．このリストを参考にテキスト形式や csv 形式のファイルを My 辞書として作ってください．**図1.12** がおそうじロボットの My 辞書として作成したテキストファイルです．語の数が少ない場合でもデータファイルと一緒に保存しておきましょう．

My 辞書ができたら **図1.13** のように前処理の［語の取捨選択］画面で「強制抽出する語」としてファイルから読み込みます．My 辞書を設定したあと，もう一度必ず［前処理の実行］を忘れないで行ってください．この操作は My 辞書を更新する都度必要な手順です．

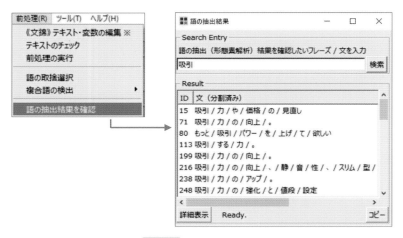

図1.10　抽出語の確認

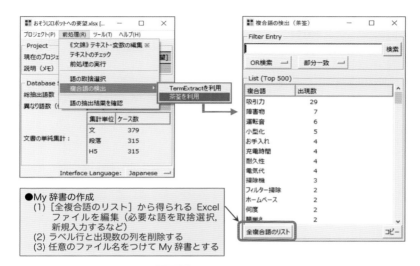

図1.11 複合語の検出

［前処理の実行］によって，必ずしも分析者が望むような抽出語が得られるとは限らない．ここでは別の切り出し方の候補を「複合語」として検出してくれる．

ところで My 辞書には強制的に抽出する語を指定しますが，使用しない語も同様にして設定できます．やり方は同じです．両方とも暫定的に指定する場合には **図1.13** の通り，画面上で設定することもできます．また，分析結果に抽出語として「---cell---」が表示される場合には，My 辞書にもこの語を含めてください．システム内でサンプル区切り用に使われている語です．

吸引力
障害物
運転音
小型化
充電時間
耐久性
電気代
手入れ
掃除機
静音
動く

図1.12 おそうじロボット調査の My 辞書

本格的なテキストマイニングの分析に入る前に，次の2つを確認しておきましょう．1つは抽出語のリストアップ，もう1つは外部変数の確認です．**図1.14** は抽出語をリストアップした Excel ファイルの一部です．全体を見渡して疑問の残る語が発見できたらもとの文書データに戻って修正するなどの対策を再度考え

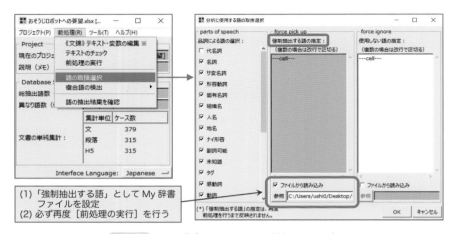

図1.13　My 辞書の取り込みと前処理の再実行

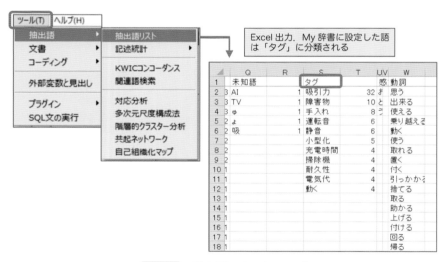

図1.14　抽出語のリストアップ

てください．**図1.15** では外部変数を確認しています．外部変数のラベルはここで入力することもできますし，ファイル上で修正したり，変数を追加したりした場合はこの画面上でファイルを読み込み直すこともできます．

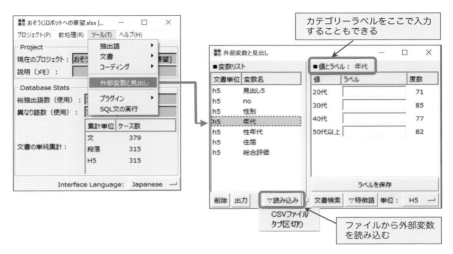

図1.15 外部変数の確認

1.5 探索的な分析から仮説検証的な分析へ

　アンケート調査におけるテキストマイニングの目的は，「みんな（回答者）はいったいどんなことを言っているんだろう」と探索的な分析（段階1）を進め，それを検討することによって「みんなはどうもこんなことを言っているらしい」というふうに要約してまとめる仮説検証的な分析（段階2）を行うことです．その全体のプロセスの中でいろいろな可視化技法を使うのがテキストマイニングの特徴です．可視化技法については次の1.6節で説明します．KH Coder の検索や分析のためのツールメニューは **図1.16** のような構成になっています．また分析対象のデータは，形態素解析のあと，**図1.17** に示すようなテキストデータ列の横並びに抽出語がたくさん並ぶデータ構造になります．段階1の探索的な分析では，このようなデータを抽出語に着目して分析する［抽出語］メニューと，サンプル単位の特徴に着目して分析する［文書］メニューの各種ツールを使って分析します．どちらも分析のためのツールだけではなく検索のためのツールが揃っているのが特徴です．もとのテキストデータに戻って「具体的にみんなはどんなことを言っているんだろう」と改めて文脈

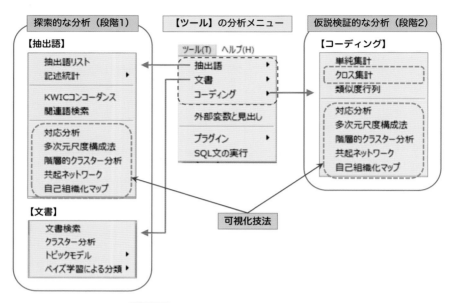

図1.16 KH Coder のツールメニュー

	外部変数		...	テキストデータ（自由記述）	切り出された語（抽出語）				...	仮説コード		...
No	性別	年代	...	要望	価格	段差	吸引力	音	...	コード1	コード2	...
1	女	40代		音と作動時間	0	0	0	1				
2	女	40代		掃除の書き取りブラシが短いし、絡まったりダメになりやすい。音がうるさい。	0	0	0	1				
3	女	50代以上		音がうるさい	0	0	0	1				
4	女	40代		同じところを（例えばしばらく玄関ホールから出てこられない）ぐるぐる回っていたりするので、もう少し効率がよくなればいいなとは思います。	0	0	0	0				
6	女	40代		あちこちに動かないで徐々に動いてくれると掃除したところが分かり易い。音をもう少し静かにしてほしい。隅までお願いしたい。	0	0	0	1				
7	女	40代		吸引力や価格の見直し	1	0	1	0				
8	男	50代以上		もう少し段差を乗り越えられるようになればいい	0	1	0	0				
9	男	30代		価格を安く	1	0	0	0				
10	女	20代		融通をきかせてほしい	0	0	0	0				
11	女	40代		値段が安くなるといい	0	0	0	0				
12	男	50代以上		動作音が少し大きいこと。	0	0	0	0				
13	男	20代		全体的な性能の向上。	0	0	0	0				
14	女	40代		音が大きい。	0	0	0	1				
16	女	40代		ゴミセンサーの性能力アップ	0	0	0	0				
17	男	50代以上		繰り返し使用しているとどうしても不具合が出てきます。たとえば「充電してください」の音声が繰り返し流れる。	0	0	0	0				
18	男	30代		拭き掃除、ワックス、消毒、静	0	0	0	0				
19	女	20代		テレビの音が聞こえにくくなるのでもう少し小さい音になったらいいのになぁと思います	0	0	0	2				
20	男	40代		静粛性	0	0	0	0				
22	男	30代		バッテリーの持続時間の向上。また、価格の廉価。階段の自動昇降が出来て、スイッチひとつで家全部をしてくれれば最高。	1	0	0	0				

図1.17 分析対象データの構造イメージ

を探ってみるためです．［コーディング］メニューは段階2の仮説検証的な分析で利用します．この段階では，前述の通り分析者が抽出語を組み合わせた新たな仮説コードをいくつか追加します（**図1.17**）．それらを分析するツールが［コーディング］メニューに揃っています．単純集計，クロス集計，類似度行列以外の分析ツールは［抽出語］のツールと同じ可視化技法です．

■1.5.1 段階1：探索的な分析

第3章以降で利用する可視化技法を中心に，探索的な分析（段階1）の方法から具体的に説明します．ここで説明する以外の方法については，ほかの文献を参照してください．**図1.18** は［共起ネットワーク］を開いたときのオプション画面です．画面左側はほかのツールの場合もほぼ共通の内容であり，ここでは分析対象の抽出語を出現数や品詞単位で選択することができます．**図1.18** の場合は最小出現数が5回，品詞に関してはデフォルトのままにし

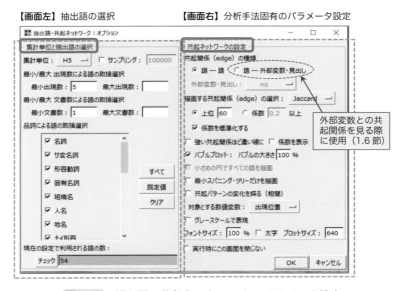

図1.18 語と語の共起ネットワークのパラメータ設定
画面左側のメニューは分析手法によらずほぼ共通．出現数や品詞により抽出語を絞り込む．

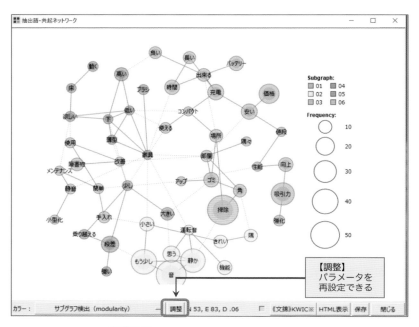

図1.19 共起ネットワークの実行画面

ています．図下部の「チェック」の欄の54はこの条件を指定した場合の分析
対象の抽出語の数を表しています．50〜60個程度が見やすい図になります
（**図1.19**）．また，画面右側には分析手法固有のパラメータを設定します．
最初はデフォルト値そのままで実行してみます．**図1.19** の実行結果を見て
［調整］ボタンをクリックするともう一度パラメータ画面が表示されます．必
要であればそこで修正して再実行します．共起ネットワークはまさに抽出語間
の共起性（相関あるいは距離）を可視化する技法ですが，いくつかの定義の仕
方があります．1.7節の参考文献［1］［2］［3］に詳しい説明がありますが，実行
結果を見ると分析結果の意味することは容易に理解できます．共起ネットワー
クの最も重要なパラメータは「描画する共起関係の選択」です．テキストデー
タの場合はデフォルト値の「Jaccard（係数)」を用いることが多いです．

　図1.19 の実行結果を詳しく見てみましょう．円の大きさは抽出語の出現頻
度に，線の太さは共起性の強さに比例しています．線で結ばれているか否かが

図1.20 「吸引力」の KWIC コンコーダンス

抽出語間の関係性の有無を表しています．関連性の強い抽出語は色分けによっ
てグループ化してくれます（Subgraph）．これを見ると，おそうじロボットに
関する「要望」としてどのような意見があるのかが何となく分かるような気が
します．たとえば，音の問題，吸引力に関する問題，価格に関する問題，充電
（時間）に関する問題……などが要望として挙げられているのではないかと想
像できます．さらに，図の円内の抽出語をクリックするとオリジナルの回答文
を検索確認することができます．**図1.20** は「吸引力」をクリックした場合に
示される画面です．これは「KWIC（key words in context）コンコーダンス」
と呼ばれる方法で，アンケートの原文を検索して「吸引力」を中心に前後の文
書内容を表示しています．「吸引力の向上（してほしい）」のように，どのよう
な文脈の中でその抽出語が使われているのかが具体的に分かります．

　理論的には異なりますが，ほかの可視化技法も基本的に抽出語の出現頻度と
共起性，外部変数との関係性などを把握するために利用します．それらを総合

的に検討して「回答者はどのようなことを言っているんだろう」ということを明らかにしていきます．ほかの可視化技法はまとめて 1.6 節で説明します．

■ 1.5.2　段階 2：仮説検証的な分析

次に段階 2 の仮説検証的な分析の方法を説明します．段階 1 の分析を通してたとえば「音に関する問題（の解決）」がひとつのテーマであるということが分かりました．段階 2 の分析では，分析者はこれらのテーマを関連する抽出語を使って仮説コードとして定義します．**図1.21** はおそうじロボットへの要望に関して定義した 6 つの仮説コードの例です．「＊」の付いている文字列が仮説コードです．最初は「音の問題」という仮説コードです．仮説コードは抽出語を論理演算子や算術演算子で連結して定義します．つまり最初の仮説コードは，「音」「うるさい」……「静粛」のいずれかの抽出語が使われている回答は「音の問題」に分類する，ということを意味しています．この例では「or」だけを使って仮説コードを定義していますが「and」や「not」「and not」などを使うことによって複雑な条件の仮説コードを定義することができます．本章参考文献や KH Coder のマニュアルには興味深い実用的な方法と事例が紹介され

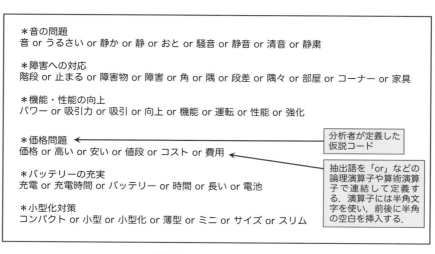

＊音の問題
音 or うるさい or 静か or 静 or おと or 騒音 or 静音 or 清音 or 静粛

＊障害への対応
階段 or 止まる or 障害物 or 障害 or 角 or 隅 or 段差 or 隅々 or 部屋 or コーナー or 家具

＊機能・性能の向上
パワー or 吸引力 or 吸引 or 向上 or 機能 or 運転 or 性能 or 強化

＊価格問題 ← 分析者が定義した仮説コード
価格 or 高い or 安い or 値段 or コスト or 費用 ←

抽出語を「or」などの論理演算子や算術演算子で連結して定義する．演算子には半角文字を使い，前後に半角の空白を挿入する．

＊バッテリーの充実
充電 or 充電時間 or バッテリー or 時間 or 長い or 電池

＊小型化対策
コンパクト or 小型 or 小型化 or 薄型 or ミニ or サイズ or スリム

図1.21　仮説コードの例

ているので参照してください．定義した仮説コードは，コーディングルール・ファイルと呼ばれますが，テキスト形式あるいは csv 形式で保存してください（名称は任意）．

　具体的にどのような回答がそれぞれの仮説コードに分類されたかは，**図1.22** のようにメニューを［ツール／文書／文書検索］と辿って検索できます．コーディングルール・ファイル（「仮説コード.txt」）を設定して「音の問題」を検索すると 84 件の回答が検索されました．これらの回答には確かに「音」「おと」「静か」「うるさい」「騒音」などの抽出語が含まれています．

　この検索画面で仮説コードを「＃直接入力」（Search Entry の欄）することもできます．この機能は仮説コードを定義する際に試行錯誤できる点で便利です．

　設定した仮説コードは抽出語と同様に分析します．**図1.23** に単純集計の結果を示します．「音の問題（の解決）」がおそうじロボットに対する最も大きな要望であることが分かります．また，どの仮説コードにも分類されなかった文書が 83 件，全体の 26% あります．具体的な文書内容は **図1.22** の画面上で確認できます．場合によっては仮説コードの見直し，抽出語の追加や削除，新し

図1.22　仮説コードに分類される回答の検索

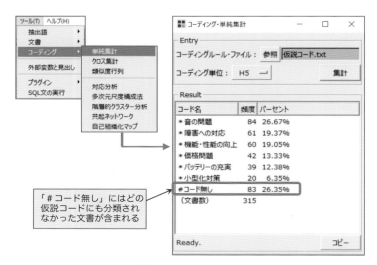

図1.23　仮説コードの単純集計

い仮説コードの追加などの再検討をしてみましょう．実際には何回もこのプロセスを繰り返すことが必要になります．こうしてみると，自由記述型のアンケート調査における仮説コードは，事後的に設定した選択式設問の選択肢と考えることもできます．コーディングルール・ファイルをうまく作ることで，全文書を自動的に分類することができます．

1.6　可視化技法

　図1.19 に抽出語と抽出語の関連性を調べる共起ネットワークの図を示しましたが，本節では KH Coder で利用できる可視化技法をまとめて見てみましょう．第 3 章以降の選択式データのテキストマイニングではもっぱらこれらの可視化技法が利用されます．KH Coder で利用できる可視化技法は，性別や年代などの外部変数との関係を調べるか否かによって **図1.24** のように分類できます．共起ネットワークはいずれの場合にも利用できます．またクロス集計関連のグラフは外部変数と抽出語や仮説コードとの関係を調べる場合に利用できます．各技法のパラメータ設定は特別難しいということはありませんので，こ

	抽出語と抽出語，あるいは仮説コードと仮説コードの間の関連性を調べる	外部変数と抽出語，あるいは外部変数と仮説コードの関係を調べる
可視化技法	・共起ネットワーク ・階層的クラスター分析 ・自己組織化マップ ・多次元尺度構成法	・クロス集計関連グラフ （外部変数×コードの場合のみ） ・共起ネットワーク ・対応分析（コレスポンデンス分析）

図1.24 KH Coder の可視化技法

こでは出力結果に基づいて順に説明します．

　抽出語の間の関連性を可視化する方法をいくつか見ていきましょう．仮説コード間の関連性も同様の方法で可視化できますので読者自らトライしてください．

■1.6.1　階層的クラスター分析

　図1.25 は抽出語を対象にした階層的クラスター分析を左に 90 度回転して示しています．クラスター（群）はグループと同じ意味と考えてください．クラスター数をデフォルトにすると図の通り 7 個に分類されました．この図はデンドログラムと呼ばれ分析のプロセスを示しています．最初は 1 クラスター 1 メンバー（抽出語）からスタートし，距離・関連性の強いものから 1 つずつ併合され，最終的に 1 つのクラスターになります．縦軸はクラスター間の距離を表すため，クラスター間の関連の強さを評価することができます．**図1.25** の場合は 7 個に併合されたところでカット（破線部）しています．クラスター数については出力後に再設定することができます．また棒グラフの長さは出現回数に比例しています．したがって，**図1.19** の共起ネットワークの図と同じように，回答の中でどの抽出語が多く使われ，どの抽出語と一緒に出現するかを知ることができます．クラスター化の結果を参考に，もとの回答の文脈を推定し，たとえば，音の問題，障害物への対応，バッテリーの問題，価格の問題などの仮説コードを定義する際のヒントが得られます．

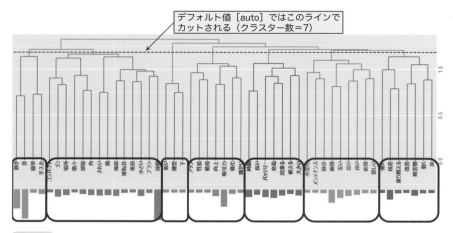

図1.25 階層的クラスター分析（注:「思う」「少し」「もう少し」を除外．以降同様）

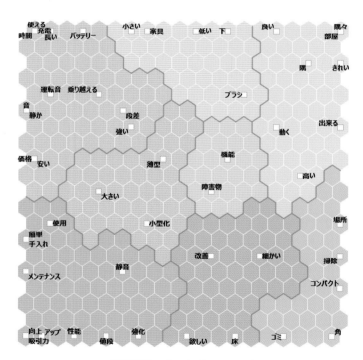

図1.26 自己組織化マップ

■ 1.6.2 自己組織化マップ

図1.26 は自己組織化マップの結果です．クラスター数を 8 として実行して
みました．自己組織化マップを実行するときには実行時間に注意が必要です．
このケースの場合は約 11 分を要しました（Windows 10，CORE i5）．

共起ネットワークやクラスター分析の場合と異なり，抽出語の出現回数に関
する情報は得られませんが，抽出語間の関連性が興味深いデザインの“絵”か
ら判断でき，仮説コードを定義する際に役立てられます．

■ 1.6.3 多次元尺度構成法

図1.27 はパラメータをデフォルトのままにして実行した多次元尺度構成法
の 2 次元マップです．3 次元までの図が描けますが，2 次元マップの方が特徴
を把握しやすいと思います．これまでの図と異なるのは縦軸横軸とも目盛りが
あるという点です．したがって抽出語の位置が近ければ関連性が強いこと，距

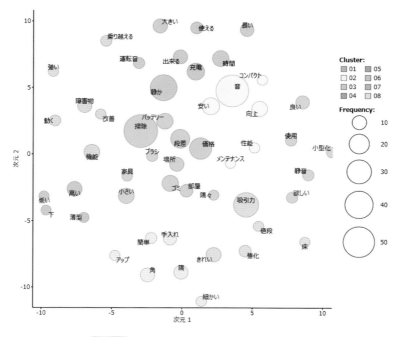

図1.27 多次元尺度構成法の 2 次元マップ

離が近いことを示しています．円（バブル）の大きさは出現回数に比例しています．色分けして 8 個のクラスターに分類されていますが，必ずしも 1.5 節で定義した仮説コードのようには分かれていないように見えます．自動的に色分けされるのでそれにこだわらずに位置関係をよく見て判断する必要があるかもしれません．それでも出現回数などから回答のおおよその文脈を探ることはできそうです．また，クラスター数については再設定できるので試行錯誤してみてください．

■1.6.4 クロス集計

つぎに外部変数と抽出語あるいは仮説コードの間の関係を可視化する方法を見ていきましょう．これらの可視化はクロス情報に基づいています．まず，外部変数と抽出語のクロス情報は次のようにして確認できます． **図1.28** は年代別の特徴語を確認する手続きです．結果を Excel 形式で一覧表示したのが **図1.29** です．選択した年代だけの特徴語を表示することもできます．特徴語とは外部変数のカテゴリー別に関連性が強い上位の 10 語を指します．たとえば 20 代の場合は「価格」との関係が最も強い，30 代は「吸引力」との関係が強い，……などの特徴を示しています．

外部変数と仮説コードのクロス情報は **図1.23** に示したメニューから［ツー

図1.28　年代別の特徴語を調べる手順

20代		30代		40代		50代以上	
価格	.105	吸引力	.083	音	.161	掃除	.154
場所	.053	価格	.079	静か	.119	音	.135
向上	.051	段差	.063	掃除	.111	充電	.080
安い	.049	角	.056	吸引力	.090	段差	.065
使える	.041	障害物	.056	ゴミ	.072	安い	.054
きれい	.039	機能	.054	バッテリー	.072	長い	.046
大きい	.039	時間	.054	価格	.063	隅	.046
カーペット	.027	ゴミ	.043	大きい	.061	ロボット	.036
運転	.027	充電	.043	時間	.060	欲しい	.035
狭い	.027	引っかかる	.035	小さい	.060	良い	.035

図1.29 年代別の特徴語一覧（上位 10 語）

図1.30 年代と仮説コードのクロス集計

ル／コーディング／クロス集計］を選択して出力することができます．外部変数として年代を選択した場合の結果は **図1.30** の通りです．統計的検定の結果（カイ2乗値）も示され，またこの画面から関連グラフ（マップ）の描画を選択することもできます．仮説コード「障害への対応」に関連する要望の度合は年代別に差があることが分かります（カッコ内の％はケース数に対する横パーセント，カイ2乗値に * 印あるいは ** 印が付いている場合は統計的に有意であることを示しています）．

■1.6.5 可視化の実際

さて以上のことを前提に可視化の具体例を見ることにしましょう．　**図1.31**
は年代と抽出語の関連性を示す共起ネットワークです．共起ネットワークはこ
のように外部変数との関係も調べることができる手法です．「音」「吸引力」な
どは中心的な位置にあり，どの年代にも共通の問題であることを示していま
す．凡例の［Degree］の4段階のレベルを参考にどの年代とどの年代に共通
の抽出語（問題あるいは要望）なのかなどを判断することができます．また線
の太さにも併せて注目してみると，たとえば20代と「価格」の関係が強いな
ど，**図1.29** のクロス情報との一致点が確認できます．

図1.32 は年代と抽出語の対応分析の結果です．コレスポンデンス分析とも
呼ばれます．多次元尺度構成法と同様に目盛り付の軸上に各要素がプロットさ
れるので互いの位置が関連の強さを表します．軸のラベルが「成分1」「成分
2」となっていますが，この場合は年代のカテゴリー数4より1少ない成分3
まで求まります．したがって「成分1」と「成分3」の組み合わせや「成分2」
と「成分3」の組み合わせで図を描くこともできます．組み合わせる成分は

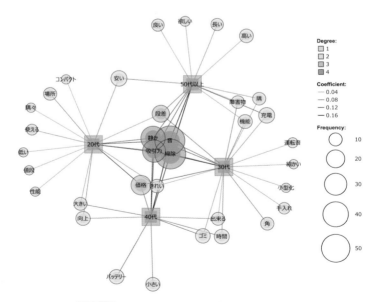

図1.31　年代と抽出語の共起ネットワーク

［調整］ボタンから再設定できます．対応分析は多次元情報を縮約する手法の1つであり，第3章で紹介する数量化III類と同等の手法として知られています．本節の事例の場合，年代は4カテゴリー（4次元）ですが，対応分析によって2次元の平面上に情報を縮約して（要約して），抽出語との関連性を分かりやすく表示することができます．プロットの詳しい仕組みは参考文献[3]などほかの参考書を参照してください．ところで軸ラベルの中に，たとえば成分1の場合に38.31％という数値が表示されています．これは成分1が全体の約4割の情報を持っていることを表しています．成分1（横軸）に注目すると20代とほかの年代の違いが現れています．一方，縦軸は40代と50代の違いを表す軸と言えるかもしれません．対応分析ではそれぞれの軸を分析者が解釈する場合もありますが，単に位置関係から外部変数である年代の各カテゴリーと抽出語の関係を議論してもいいと思います．よく見ると中心位置には「音」や「吸引力」などがあったり，20代の近くには「価格」や「値段」などがプロットされているなど，**図1.31** の共起ネットワークが示す特徴との一致点が確認で

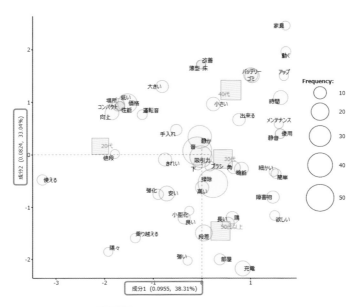

図1.32　年代と抽出語の対応分析

きます．このようにして特徴語の表（ **図1.29** ）や可視化したグラフを一緒に検討することによって，外部変数と抽出語の関係がさらによく見えてきます．

つぎに外部変数と仮説コードの関係を **図1.30** のクロス集計と併せて見ていきましょう． **図1.33** と **図1.34** は **図1.30** のクロス集計の出力画面から選択して描けるマップのうち，よく利用される２つのグラフです．前者はバブルプロット，後者は折れ線グラフです．どちらもクロス集計の特徴を非常によく可視化しています．バブルプロットのバブルの大きさは凡例の通りパーセントの大きさを表します．また色が濃いほど全体平均（合計）からの隔たり（標準化残差）が大きいことを表します．カイ２乗検定の結果も併せて解釈するといいでしょう．折れ線の方はパーセントの違いを直感的に把握するのに有効ですが，線の数が多くなるとそれぞれの傾向が見えにくくなります．その際は仮説コードを選択して描くこともできます．これらの図から分かる通り，明らかに「障害への対応」は年代による差は大きいですが，「音の問題」や「バッテリーの充実」にも年代別の差が現れています．

図1.35 は年代と仮説コードの対応分析です．20 代と「価格問題」，30 代と「障害への対応」の関係の強さなど，年代と仮説コードの関係を一見して読み取ることができます．折れ線グラフの場合は仮説コード（線）の数が増えると

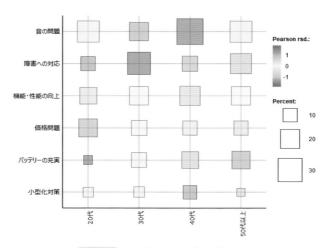

図1.33 年代別のバブルプロット

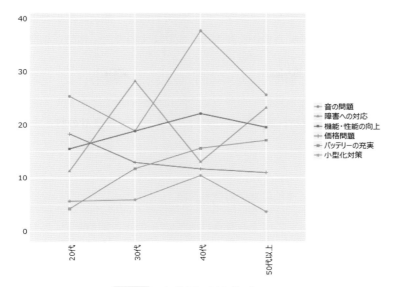

図1.34 年代別の折れ線グラフ

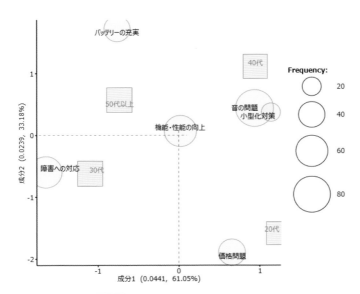

図1.35 年代と仮説コードの対応分析

傾向が読み取りにくくなりますが，対応分析の図は，抽出語の場合に比べると仮説コードの場合は要素がかなり少なくなりますので，全体的な傾向を読み取る場合にとても有効です．

　以上の通り，外部変数と仮説コードの関係を調べる場合にも，可視化したグラフとクロス集計とを比較しながら総合的に検討することが重要です．性別や性年代など，ほかの外部変数との関係についても読者自ら調べてみてください．

1.7　テキストマイニングの参考文献

　テキストマイニングに関する著書は数多いですが，本章執筆に当たって参考にした文献を章末に示しました．『社会調査のための計量テキスト分析』（[2]）は KH Coder の開発者によるものですが，KH Coder の原点となる本であり，開発の経緯，思想，幅広い分野の事例，マニュアルなどで構成されています．ユーザーにとっては必須のテキストと言えます．『やってみようテキストマイニング』（[1]）は本書の著者の 1 人によるものです．アンケートの自由回答を対象にして KH Coder を用いてテキストマイニングを行うための入門書です．分析の前処理を含めて実際のデータを用いながらテキストマイニングの手順を説明しています．なかでも本章でも解説している段階 2 の仮説検証的な分析や各種の事例，ベイズ学習による分類方法などが特徴的な内容です．『テキストアナリティクスの基礎と実践』（[4]）はテキスト計量分析の専門家によるものです．この本の「はじめに」の中でテキストアナリティクスは邦訳すると「テキスト計量分析」になると説明されています．そして読者が各分析の手法を理解したうえでテキストアナリティクスを行う一助とすることを目的に書かれたものと説明されています．KH Coder には含まれていない，いろいろな手法について知ることができます．『動かして学ぶ！　はじめてのテキストマイニング』（[3]）は KH Coder の開発者のほか 2 名によるものです．まさにはじめてのユーザーのために書かれたものですが，入門を超える内容も充実していて，対応分析のプロットのしくみや Jaccard 係数の解説など初心者でなくても参考になるテキストになっています．

　次の章からアンケートの選択式回答を本章で解説したいろいろな手法を使いながら，テキストマイニング流で分析する方法を紹介します．可視化が大きなポイントです．

参考文献

[1] 牛澤賢二：『やってみようテキストマイニング—自由回答アンケートの分析に挑戦』，朝倉書店，2018. 8（初版），2021. 5（増訂版）.

[2] 樋口耕一：『社会調査のための計量テキスト分析—内容分析の継承と発展を目指して』，ナカニシヤ出版，2014. 1（初版），2020. 4（第2版）.

[3] 樋口耕一，中村康則，周　景龍：『動かして学ぶ！　はじめてのテキストマイニング』，ナカニシヤ出版，2022. 3.

[4] 金　明哲：『テキストアナリティクスの基礎と実践』，岩波書店，2021. 3.

2 データの作り方と読み込み方

　　前章ではアンケート調査の自由回答を例にテキストマイニングの基本的な分析の流れを説明しました．本章からはいよいよ選択式回答をテキストマイニング流で分析するための方法を提案し紹介します．

　テキストマイニング手法を利用するためには，分析対象のデータがテキスト（文書）形式であることが前提になります．そこで本章では，はじめに選択式回答をテキスト化し，テキストマイニングのツール KH Coder へ読み込む方法について説明します．第3章で扱うデータを例にして全体的な方法と手順を説明します．

2.1　選択式回答の事例データ

　　第3章で分析対象とする事例データは **図2.1** に示す「この1年間に実施したレジャー活動」のデータです[1]．「観光旅行」から「競輪・競馬」までの18個のレジャー活動についての複数回答のアンケートデータです．

　　調査では回答者の年齢や職業などの属性もいっしょに調べられています．属性項目はテキストマイニングでは外部変数として扱われます．このような複数回答データは，一般的には **図2.2** のように 0-1 型データとして Excel などに入力して集計したり分析したりします．第3章ではテキストマイニング流の分析だけではなく，いくつかの基本的な集計や従来型の分析方法も説明します．

＊1）　本データは，本多正久・島田一明『経営のための多変量解析法』（産業能率大学出版部）第9章より許可を得て引用させていただきました．ご協力いただいたことに改めてお礼申し上げます．

図2.1　この1年間に実施したレジャー活動（複数回答）

No	年齢	年代	職業	観光旅行	ドライブ	ゴルフ	つり	園芸	観劇	映画	音楽・展覧会	その他の催し物	スポーツ観戦	登山・ハイキング	スキー・スケート	水泳	その他スポーツ	囲碁・将棋	麻雀	パチンコ	競輪・競馬
01	20	20代	事務系		○									○	○		○				
02	22	20代	労務系		○								○	○	○		○				
03	23	20代	自由業ほか										○					○	○	○	○
04	25	20代	事務系		○				○	○	○			○					○	○	○
05	26	20代	商工自営業																○		
06	27	20代	労務系										○	○	○	○	○		○		
07	27	20代	自由業ほか										○		○	○	○			○	○
08	29	20代	商工自営業										○		○	○	○		○		
09	30	30代	労務系														○				
10	32	30代	自由業ほか					○												○	○
11	33	30代	事務系							○	○		○				○				○
12	35	30代	労務系						○	○			○						○	○	○
13	35	30代	管理職	○	○	○			○		○						○		○		
14	36	30代	商工自営業	○	○																
15	36	30代	自由業ほか	○	○								○								
16	37	30代	事務系			○								○	○		○				○
17	38	30代	管理職									○					○				
18	40	40代	商工自営業	○	○							○	○								
19	42	40代	事務系					○				○							○	○	○
20	43	40代	労務系		○	○	○	○			○	○	○							○	
21	43	40代	自由業ほか	○	○		○	○	○			○	○						○		
22	45	40代	事務系		○	○	○					○							○		
23	45	40代	会社役員	○														○			○
24	47	40代	管理職		○								○					○			○
25	49	40代	商工自営業	○																	○
26	50	50代以上	労務系	○			○											○	○	○	
27	51	50代以上	事務系	○			○			○									○	○	
28	52	50代以上	商工自営業	○		○	○	○												○	
29	52	50代以上	自由業ほか	○			○	○		○											○
30	54	50代以上	管理職		○	○	○	○											○		
31	55	50代以上	事務系																		
32	56	50代以上	会社役員				○	○													
33	61	50代以上	労務系	○		○	○	○												○	
34	62	50代以上	事務系	○	○	○			○												○
35	63	50代以上	会社役員	○	○																

No	年齢	年代	職業	観光旅行	ドライブ	ゴルフ	つり	園芸	観劇	映画	音楽・展覧会	その他の催し物	スポーツ観戦	登山・ハイキング	スキー・スケート	水泳	その他スポーツ	囲碁・将棋	麻雀	パチンコ	競輪・競馬
01	20	20代	事務系	0	1	0	0	0	0	0	0	0	0	1	1	0	1	0	0	0	0
02	22	20代	労務系	0	1	0	0	0	0	0	0	0	1	1	1	0	0	0	0	0	0
03	23	20代	自由業ほか	0	0	0	0	0	0	0	0	0	0	0	0	0	0	1	0	0	0
04	25	20代	事務系	0	0	0	0	0	0	0	1	0	0	0	0	0	0	1	1	1	1
05	26	20代	商工自営業	0	1	0	0	0	0	0	0	0	1	1	1	1	1	0	0	1	1
06	27	20代	労務系	0	0	0	0	0	0	0	0	0	0	0	1	1	1	0	0	0	0
07	27	20代	自由業ほか	0	0	0	0	0	0	0	0	0	0	1	0	0	0	1	1	0	0
08	29	20代	商工自営業	0	0	0	0	0	0	0	0	0	1	0	0	0	1	0	0	0	0
09	30	30代	労務系	0	0	0	0	0	0	0	0	0	0	0	0	0	0	0	0	1	1
10	32	30代	自由業ほか	0	0	0	0	0	0	0	0	0	0	0	0	0	0	1	0	0	0
11	33	30代	事務系	1	1	1	0	0	0	0	0	0	0	0	0	0	1	0	0	0	0
12	35	30代	労務系	1	1	0	0	0	0	0	0	0	0	0	0	0	0	0	1	0	1
13	35	30代	管理職	1	1	1	1	0	0	0	0	0	0	0	0	0	0	0	0	0	0
14	35	30代	商工自営業	1	1	1	1	0	0	0	0	0	0	0	0	0	0	1	0	1	0
15	36	30代	自由業ほか	1	1	1	1	0	0	0	0	0	0	0	0	0	0	0	1	0	0
16	37	30代	事務系	0	0	0	0	0	0	0	0	0	0	0	0	0	1	0	0	0	1
17	38	30代	管理職	1	1	0	0	0	0	0	0	0	0	0	0	0	0	1	0	1	0
18	40	40代	商工自営業	0	0	0	0	0	0	0	0	0	0	0	0	0	0	0	0	0	0
19	42	40代	事務系	0	0	0	0	0	0	0	0	0	0	0	0	0	0	0	0	0	0
20	43	40代	労務系	0	1	1	1	0	0	0	0	0	0	0	0	0	0	1	1	0	1
21	43	40代	自由業ほか	0	0	1	1	0	0	0	0	0	0	0	0	0	1	0	0	0	0
22	45	40代	事務系	0	0	0	0	0	0	0	0	0	0	0	0	0	0	0	0	1	0
23	45	40代	管理職	0	0	0	0	0	0	0	0	0	0	0	0	0	0	0	1	0	0
24	47	40代	会社役員	1	0	0	0	0	0	0	0	0	0	0	0	0	0	1	0	0	1
25	49	40代	商工自営業	1	1	0	0	0	0	0	0	0	0	0	0	0	0	0	0	0	1
26	50	50代以上	労務系	1	1	0	0	0	0	0	0	0	0	0	0	0	1	0	0	1	0
27	51	50代以上	事務系	1	1	0	0	0	0	0	0	0	0	0	0	0	0	1	1	1	0
28	52	50代以上	商工自営業	1	1	0	0	0	0	0	0	0	0	0	0	0	0	0	0	0	0
29	52	50代以上	自由業ほか	1	0	0	0	0	0	0	0	0	0	0	0	0	0	0	0	0	0
30	54	50代以上	管理職	0	0	1	0	0	0	0	0	0	0	0	0	0	0	1	1	0	1
31	55	50代以上	事務系	1	0	0	0	0	0	0	0	0	0	0	0	0	1	0	0	0	1
32	56	50代以上	会社役員	1	0	1	1	0	0	0	0	0	0	0	0	0	0	0	0	1	0
33	61	50代以上	労務系	1	0	0	1	0	0	0	0	0	0	0	0	0	0	1	1	0	0
34	62	50代以上	事務系	1	1	0	1	0	0	0	0	0	0	0	0	0	0	0	0	0	1
35	63	50代以上	会社役員	0	0	0	0	0	0	0	0	0	0	0	0	0	0	0	0	0	0

図2.2 複数回答を 0-1 型データとして入力

2.2 複数回答データをテキスト化する

　テキストマイニングの優れた可視化ツールを利用して複数回答データの特徴を調べるためには，0-1 型データのままでは分析できません．そこで「0」や「1」ではなく元の選択肢の内容を集計欄にそのまま入力したデータを作成します（ 図2.3 ）．そうしておいて行ごとにすべてのセルを結合します．たとえばA1 から Z1 までのセルを結合する場合には Excel の関数 TEXTJOIN を利用して次のようにします．第1引数に区切り文字（カンマ）を入れます．また，第2引数として TRUE を指定すると空のセルは無視されます．

$$=\text{TEXTJOIN}(",",\text{TRUE},\text{A1:Z1})$$

　結果的に 図2.4 のようになります．実施したレジャー活動がそのまま並んだテキストデータが完成します．

No	年齢	年代	職業	観光旅行	ドライブ	ゴルフ	つり	園芸	観劇	映画	音楽・展覧会	その他の催し物	スポーツ観戦	登山・ハイキング	スキー・スケート	水泳	その他スポーツ	囲碁・将棋	麻雀	パチンコ	競輪・競馬
01	20	20代	事務系		ドラ									登山	スキー		その他				
02	22	20代	労務系		ドラ								スポー	登山	スキー		その他				
03	23	20代	自由業ほか						観劇	映画	音楽		スポー					囲碁			
04	25	20代	事務系															囲碁			
05	26	20代	商工自営業		ドラ								スポー	登山	スキー	水泳			麻雀	パチン	競輪
06	27	20代	労務系										スポー		スキー	水泳	その他				
07	27	20代	自由業ほか										スポー		スキー	水泳	その他				
08	29	20代	商工自営業							映画	音楽			登山	スキー		その他				
09	30	30代	労務系																麻雀	パチン	競輪
10	32	30代	自由業ほか					園芸	観劇	映画	音楽		スポー				その他				
11	33	30代	事務系						観劇	映画			スポー								
12	35	30代	労務系		ドラ								スポー						麻雀	パチン	競輪
13	35	30代	管理職	観光旅	ドラ	ゴル							スポー				その他		麻雀		
14	35	30代	商工自営業	観光旅	ドラ															パチン	競輪
15	36	30代	自由業ほか	観光旅	ドラ	ゴル							スポー				その他				
16	37	30代	事務系	観光旅	ドラ							その他	スポー	登山	スキー		その他				
17	38	30代	管理職		ドラ					映画	音楽	その他									
18	40	40代	商工自営業	観光旅								その他	スポー						麻雀	パチン	競輪
19	42	40代	事務系		ドラ	ゴル	つり	園芸													
20	43	40代	労務系				つり	園芸	観劇										麻雀	パチン	
21	43	40代	自由業ほか		ドラ	ゴル	つり												麻雀		競輪
22	45	40代	事務系	観光旅	ドラ			園芸				その他	スポー								
23	45	40代	会社役員		ドラ	ゴル	つり	園芸					スポー					囲碁			
24	47	40代	管理職			ゴル	つり	園芸										囲碁	麻雀		
25	49	40代	商工自営業	観光旅			つり	園芸											麻雀		競輪
26	50	50代以上	労務系	観光旅									スポー							パチン	競輪
27	51	50代以上	事務系	観光旅														囲碁	麻雀	パチン	競輪
28	52	50代以上	商工自営業	観光旅			つり	園芸	観劇										麻雀	パチン	
29	52	50代以上	自由業ほか	観光旅	ドラ	ゴル	つり	園芸	観劇	映画											
30	54	50代以上	管理職		ドラ	ゴル	つり	園芸	観劇												
31	55	50代以上	事務系				つり	園芸	観劇									囲碁	麻雀		
32	56	50代以上	会社役員	観光旅		ゴル												囲碁			
33	61	50代以上	労務系	観光旅			つり	園芸	観劇											パチン	競輪
34	62	50代以上	自由業ほか	観光旅			つり	園芸	観劇									囲碁			
35	63	50代以上	会社役員	観光旅	ドラ	ゴル		園芸													

図2.3 選択肢の内容をそのまま文字列として入力

No	年齢	年代	職業	1年間に実施したレジャー活動
1	20	20代	事務系	ドライブ,登山・ハイキング,スキー・スケート,その他スポーツ
2	22	20代	労務系	ドライブ,スポーツ観戦,登山・ハイキング,スキー・スケート,その他スポーツ
3	23	20代	自由業ほか	観劇,映画,音楽・展覧会,スポーツ観戦,登山・ハイキング,囲碁・将棋
4	25	20代	事務系	囲碁・将棋,麻雀,パチンコ,競馬・競馬
5	26	20代	商工自営業	ドライブ,スポーツ観戦,登山・ハイキング,スキー・スケート,水泳,その他スポーツ,…
6	27	20代	労務系	スポーツ観戦,スキー・スケート,水泳,その他スポーツ
7	27	20代	自由業ほか	スポーツ観戦,スキー・スケート,水泳,その他スポーツ,麻雀
8	29	20代	商工自営業	映画,音楽・展覧会,登山・ハイキング,スキー・スケート,その他スポーツ
9	30	30代	労務系	麻雀,パチンコ,競輪・競馬
10	32	30代	自由業ほか	園芸,観劇,映画,音楽・展覧会,スポーツ観戦,その他スポーツ
11	33	30代	事務系	観劇,映画,スポーツ観戦
12	35	30代	労務系	ドライブ,スポーツ観戦,麻雀,パチンコ,競輪・競馬
13	35	30代	管理職	観光旅行,ドライブ,ゴルフ,スポーツ観戦,その他スポーツ,麻雀,競輪・競馬
14	35	30代	商工自営業	観光旅行,ドライブ,パチンコ,競輪・競馬
15	36	30代	自由業ほか	観光旅行,ドライブ,ゴルフ,スポーツ観戦,その他スポーツ
16	37	30代	事務系	観光旅行,ドライブ,その他の催し物,スポーツ観戦,登山・ハイキング,スキー・…
17	38	30代	管理職	ドライブ,映画,音楽・展覧会,その他の催し物
18	40	40代	商工自営業	観光旅行,その他の催し物,スポーツ観戦,麻雀,パチンコ,競輪・競馬
19	42	40代	事務系	ドライブ,ゴルフ,つり,園芸
20	43	40代	労務系	つり,園芸,観劇,麻雀,パチンコ
21	43	40代	自由業ほか	ドライブ,ゴルフ,つり,麻雀,競輪・競馬
22	45	40代	事務系	観光旅行,ドライブ,園芸,その他の催し物,スポーツ観戦
23	45	40代	会社役員	ドライブ,ゴルフ,つり,園芸,スポーツ観戦,囲碁・将棋
24	47	40代	管理職	ゴルフ,つり,園芸,囲碁・将棋,麻雀
25	49	40代	商工自営業	観光旅行,つり,園芸,麻雀,競輪・競馬
26	50	50代以上	労務系	観光旅行,園芸,観劇,スポーツ観戦,パチンコ,競輪・競馬
27	51	50代以上	事務系	観光旅行,囲碁・将棋,麻雀,パチンコ,競輪・競馬
28	52	50代以上	商工自営業	観光旅行,つり,園芸,観劇,麻雀,パチンコ
29	52	50代以上	自由業ほか	観光旅行,ドライブ,ゴルフ,つり,観劇,映画
30	54	50代以上	管理職	観光旅行,ゴルフ,つり,園芸,観劇
31	55	50代以上	事務系	つり,園芸,観劇,囲碁・将棋,麻雀
32	56	50代以上	会社役員	観光旅行,ゴルフ,園芸,囲碁・将棋
33	61	50代以上	労務系	観光旅行,つり,園芸,パチンコ,競輪・競馬
34	62	50代以上	事務系	観光旅行,つり,園芸,観劇,囲碁・将棋
35	63	50代以上	会社役員	観光旅行,ドライブ,ゴルフ,園芸

図2.4 出来上がったテキストマイニング用のデータ

対象者 No1 のテキストデータを拡大すると **図2.5** のようです.「ドライブ」「登山・ハイキング」など,実施したレジャー活動がカンマで区切られ並んでいます.これらの文字列はテキストマイニングした結果をグラフ表示するのにそのまま使われるので,1つの選択肢の文字列が長い場合には短縮化して入力するのがよいでしょう.これでいよいよテキストマイニングをスタートできます.

ドライブ,登山・ハイキング,スキー・スケート,その他スポーツ

図2.5 入力された1人分のレジャー活動

2.3　データの読み込み方法

　通常のテキストマイニングと異なり，第1章で説明した本来的な意味での形態素解析は必要ではなく，選択肢の文字列がそのままシステム内に読み込まれるようにします．1.4節で説明した手順で分析対象のファイルを設定したあと，前処理に進みます（ 図2.6 ）．このメニューの中の［前処理の実行］（形態素解析）をする前に［語の取捨選択］を行います．なお，［テキストのチェック］のステップは不要です．

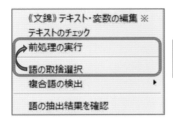

　・［テキストのチェック］は不要
　・先に［語の取捨選択］を実行
　・次に［前処理の実行］を選択

図2.6　前処理のメニューと必要な操作

　［語の取捨選択］をクリックする前に，あらかじめ選択肢の文字列を「強制抽出する語」として定義したファイルを 図2.7 のように準備しておきます．ここでは「強制抽出.txt」と名付けておきます．このファイルを 図2.8 の［分析に使用する語の取捨選択］の画面上で設定します．

　ここで強制抽出する語を定義する際に注意すべき点を補足しておきます．図2.9 の例のように，1つの文字列（「仕事」）がほかの文字列（「仕事仲間」）に含まれる場合には，長い方の文字列を前に置きます．左側のように設定すると「仕事」と「仲間」が別々に抽出されてしまいます．

```
観光旅行
ドライブ
ゴルフ
つり
園芸
観劇
映画
音楽・展覧会
その他の催し物
スポーツ観戦
登山・ハイキング
スキー・スケート
水泳
その他スポーツ
囲碁・将棋
麻雀
パチンコ
競輪・競馬
```

図2.7　強制抽出 .txt

図2.8 強制抽出する語を定義したファイルの設定

図2.9 強制抽出する時の注意

2.4 抽出語の確認

　強制抽出する語を設定したら，もとの前処理のメニュー（ 図2.6 ）に戻って［前処理の実行］をクリックします．処理が終了したら，選択肢の文字列が想定通り抽出されたかどうかを確認します．いくつかの方法がありますが，ここでは 図2.10 のように［ツールメニュー］の［抽出語／抽出語リスト］を選択して確認してみます．

　実行後に表示された画面は 図2.11 の通りです．18個の選択肢の文字列が正しく抽出されていることが確認できます．同時に単純集計の結果（頻度と棒グラフ）も見ることができます．ほかの抽出語は一切ありません．またすべての抽出語の品詞は「タグ」に分類されます．

　ここからテキストマイニングツールを利用して，いろいろな分析や可視化を行い，グラフ表示することができます．

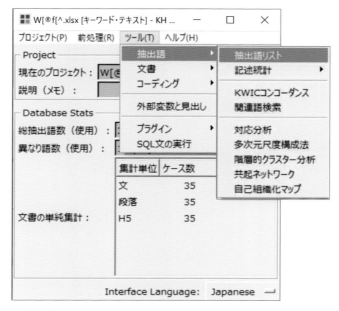

図2.10 ［ツールメニュー］の［抽出語リスト］を選択

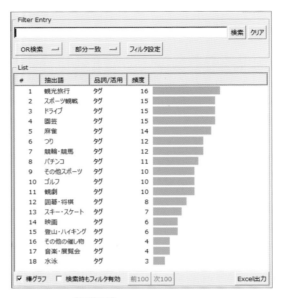

図2.11 抽出語リスト

2.5 共起関係，距離の定義

　テキストマイニングツールを利用する中で，しばしば共起関係や距離を選択する場面があります．通常のテキストマイニングではデフォルトとして［Jaccard］を使用することが多いのですが，いろいろなデータで試してみると，選択式回答の分析を行うときには［Euclid］が良いようです（**図2.12**）．もちろんこれが必須ということではありませんので実際のデータで分析者自身が試してみるといいでしょう．第3章以降の例は原則的にすべて［Euclid］で分析しています．

　ほかのタイプのデータの作り方については，その都度説明しますが，全体的な手順は本章で説明した通りです．このあとの第3章以降で選択式回答データをテキストマイニング流で分析する事例を紹介していきます．

図2.12 共起関係，距離尺度の選択

3 複数回答の テキストマイニング

複数回答，いわゆる 0-1 型データをテキストマイニング流で分析する方法を説明します．本章の事例は第 2 章で取り上げたレジャー活動のデータなので，KH Coder 内にデータが読み込まれた状態からスタートします．

はじめに単純集計やクロス集計などの基本的な集計方法と数量化Ⅲ類を用いた従来型の分析方法を説明し，これらの方法と比較しながらテキストマイニング流の分析方法を紹介します．

3.1 レジャー活動データの基本的な集計

あらためて 18 個のレジャー活動の選択肢を **図3.1** に示します．1～5 はゆとり系（高齢者に好まれると思われる），6～9 は芸術系，10～14 はスポーツ系，15 以降はギャンブル系のレジャー活動と見ることができます．このような分類の仕方以外にも「する系・見る系」「アウトドア系・インドア系」「ギャンブル系・非ギャンブル系」などいろいろな見方ができます．これらの選択肢に対して 35 名が回答したデータが本章の分析対象です．

1.観光旅行	6.観劇	10.スポーツ観戦	15.囲碁・将棋
2.ドライブ	7.映画	11.登山・ハイキング	16.麻雀
3.ゴルフ	8.音楽・展覧会	12.スキー・スケート	17.パチンコ
4.つり	9.その他の催し物	13.水泳	18.競輪・競馬
5.園芸		14.その他スポーツ	

図3.1 この 1 年間に実施したレジャー活動の選択肢

■3.1.1 単純集計

はじめに基本的な集計結果から見ていくことにしましょう。**図3.2** は単純集計の結果です。左側は選択肢の並び順，右側は頻度順に整列したグラフです。第2章でテキストデータを読み込んだ際に確認した抽出語リストのグラフ（**図2.11**）は右側の図と同じものです。選択肢の並び順に特別の意味がない場合には頻度順に整列した方が特徴を読み取りやすいでしょう。「観光旅行」と「水泳」の差は非常に大きいと言えます。単純集計の結果を見て，頻度の少ない選択肢は，ほかの適当な選択肢と併合して再分類することなどもしばしば行われます。ただし，このケースは全体のサンプル数そのものが35件と少ないので併合などの処置は行わないでこのまま分析を進めます。なお，頻度順に整列してグラフ化する際には，「その他」だけは最後に置くことが多いです。

レジャー活動	n	%
観光旅行	16	45.7
ドライブ	15	42.9
ゴルフ	10	28.6
つり	12	34.3
園芸	15	42.9
観劇	10	28.6
映画	6	17.1
音楽・展覧会	4	11.4
その他の催し物	4	11.4
スポーツ観戦	15	42.9
登山・ハイキング	6	17.1
スキー・スケート	7	20.0
水泳	3	8.6
その他スポーツ	10	28.6
囲碁・将棋	8	22.9
麻雀	14	40.0
パチンコ	11	31.4
競輪・競馬	12	34.3
計	35	100.0

整列 →

レジャー活動	n	%
観光旅行	16	45.7
スポーツ観戦	15	42.9
ドライブ	15	42.9
園芸	15	42.9
麻雀	14	40.0
つり	12	34.3
競輪・競馬	12	34.3
パチンコ	11	31.4
ゴルフ	10	28.6
その他スポーツ	10	28.6
観劇	10	28.6
囲碁・将棋	8	22.9
スキー・スケート	7	20.0
映画	6	17.1
登山・ハイキング	6	17.1
その他の催し物	4	11.4
音楽・展覧会	4	11.4
水泳	3	8.6
計	35	100.0

図3.2 レジャー活動の単純集計

■3.1.2 クロス集計

次に2つのクロス集計の結果を見てみましょう。サンプル数が多い場合は百分率などの比率を用いることもありますが，ここではサンプル数が少ないため，実数だけの結果を示しました。

図3.3 は18個のレジャー活動間のクロス集計です。頻度の比較的多いところに網がけしてみました。縦横の計の欄と対角要素は **図3.2** と同じ単純集計

	観光旅行	ドライブ	ゴルフ	つり	園芸	観劇	映画	音楽・展覧会	その他の催し物	スポーツ観戦	登山・ハイキング	スキー・スケート	水泳	その他スポーツ	囲碁・将棋	麻雀	パチンコ	競輪・競馬	計
観光旅行	16	7	6	6	9	5	1	0	3	6	1	1	0	3	3	5	6	7	16
ドライブ	7	15	7	4	4	1	2	1	3	8	4	4	1	6	1	4	3	5	15
ゴルフ	6	7	10	6	6	2	1	0	0	3	0	0	0	2	3	3	0	2	10
つり	6	4	6	12	10	6	1	0	0	4	0	0	0	0	4	6	3	3	12
園芸	9	4	6	10	15	7	1	1	1	4	1	0	0	1	5	5	4	3	15
観劇	5	1	2	6	7	10	4	2	0	4	1	0	0	1	3	3	3	1	10
映画	1	2	1	1	1	4	6	4	1	3	2	1	0	2	1	0	0	0	6
音楽・展覧会	0	1	0	0	1	2	4	4	1	2	2	1	0	2	1	0	1	1	4
その他の催し物	3	3	0	0	1	0	1	1	4	3	1	1	0	1	0	1	1	1	4
スポーツ観戦	6	8	3	4	4	4	3	2	3	15	4	5	3	8	2	5	4	5	15
登山・ハイキング	1	4	0	0	1	1	2	2	1	4	6	5	1	5	1	1	1	1	6
スキー・スケート	1	4	0	0	0	0	1	1	1	5	5	7	3	7	0	2	1	1	7
水泳	0	1	0	0	0	0	0	0	0	3	1	3	3	3	0	2	1	1	3
その他スポーツ	3	6	2	0	1	1	2	2	1	8	5	7	3	10	0	3	1	2	10
囲碁・将棋	3	1	3	4	5	3	1	1	0	2	1	0	0	0	8	4	2	2	8
麻雀	5	4	3	6	5	3	0	0	1	5	1	2	2	3	4	14	8	9	14
パチンコ	6	3	0	3	4	3	0	1	1	4	1	1	1	1	2	8	11	9	11
競輪・競馬	7	5	2	3	3	1	0	1	1	5	1	1	1	2	2	9	9	12	12
計	16	15	10	12	15	10	6	4	4	15	6	7	3	10	8	14	11	12	35

図3.3　レジャー活動間のクロス集計

の値です．このようにクロス集計には単純集計の結果が含まれます．

　網がけしたところに注目すると全体的な特徴が分かります．たとえば最初に分類したゆとり系（高齢者好み），芸術系，スポーツ系，ギャンブル系のグループ内では，同じグループから複数のレジャー活動が一緒に選択されることが多いようです．ゆとり系のレジャー活動とギャンブル系のレジャー活動の関連も強いようです．「ドライブ」や「スポーツ観戦」はいろいろなレジャー活動と一緒に実施されていることも分かります．また芸術系に分類した「観劇」は，むしろゆとり系に分類した「観光旅行」「つり」「園芸」との同時性の方が強いようです．

　もう1つのクロス集計の結果を示します．**図3.4** は年代とレジャー活動のクロス集計です．20代はスポーツ系のレジャー活動，40代，50代以上はゆとり系レジャー活動，30代は幅広くいろいろなレジャー活動に興味を示しています．ギャンブル系レジャー活動は全世代から支持されています．回答者の「属性」を利用することで，このように年代によって好まれるレジャー活動に

	観光旅行	ドライブ	ゴルフ	つり	園芸	観劇	映画	音楽・展覧会	その他の催し物	スポーツ観戦	登山・ハイキング	スキー・スケート	水泳	その他スポーツ	囲碁・将棋	麻雀	パチンコ	競輪・競馬	計
20代	0	3	0	0	0	1	2	2	0	5	5	6	3	6	2	3	2	2	8
30代	4	6	2	0	1	2	3	2	2	6	1	1	0	4	0	3	3	4	9
40代	3	4	4	6	6	1	0	0	2	3	0	0	0	0	2	5	2	3	8
50代以上	9	2	4	6	8	6	1	0	0	1	0	0	0	0	4	3	4	3	10
計	16	15	10	12	15	10	6	4	4	15	6	7	3	10	8	14	11	12	35

図3.4 年代とレジャー活動のクロス集計

差があることが見えてきます.

　以上のように複数回答の場合は，選択肢どうしのクロス集計以外に，外部変数とのクロス集計をしてみることも大切な基本的ステップです.

3.2 数量化III類で分析

　クロス集計表から変数（ここでは複数回答の選択肢）の間の関連性を把握するのは，数が少ない場合はそう難しくないかもしれませんが，多い場合はなかなか困難になります．レジャー活動のデータの場合も簡単とは言えません．もし変数間の関連性を可視化して表すことができれば直感的にそれを把握することが可能になるでしょう．数量化III類はまさにそのような手法の1つです．特に数量化III類は本章で扱っているような質的データの場合に適用される有効な方法です．本書で紹介するテキストマイニング流の分析では数量化III類の知識は必須ではありませんが，比較対象として簡単に説明しておきます．量的なデータの場合には因子分析（第4章で解説）や主成分分析などが代表的な手法として使われます.

　数量化III類は，変数（選択肢）とサンプル（回答者）にそれぞれ計算で求められる類似度を数量として付与することで（数量化），可視化することを可能にします．変数に付与する数量をカテゴリースコア，サンプルに付与する数量をサンプルスコアと言います．**図3.5** はその一部ですが，最大で（変数の数

カテゴリースコア

	第1軸	第2軸	第3軸
観光旅行	-0.591	-0.051	0.227
ドライブ	0.312	-0.076	0.679
ゴルフ	-0.728	0.544	1.925
つり	-1.105	0.506	0.847
園芸	-0.911	0.597	0.725
観劇	-0.456	1.387	-0.459
映画	1.118	2.575	-1.668
音楽・展覧会	1.587	2.631	-2.131
その他の催し物	0.730	0.501	-1.330
スポーツ観戦	0.721	-0.179	-0.052
登山・ハイキング	1.860	0.111	0.083
スキー・スケート	2.080	-0.950	0.898
水泳	1.893	-2.161	1.185
その他スポーツ	1.602	-0.510	0.778
囲碁・将棋	-0.902	0.500	0.033
麻雀	-0.579	-1.007	-0.686
パチンコ	-0.712	-1.257	-1.661
競輪・競馬	-0.627	-1.347	-1.283

サンプルスコア

No	第1軸	第2軸	第3軸
1	1.879	-0.549	1.086
2	1.688	-0.494	0.850
3	0.841	1.804	-1.245
4	-0.905	-1.198	-1.602
5	0.934	-1.263	-0.012
6	2.021	-1.464	1.251
7	1.468	-1.481	0.756
8	2.118	1.188	-0.726
9	-0.821	-1.854	-2.155
10	0.784	1.669	-0.833
11	0.592	1.943	-1.293
12	-0.227	-1.191	-1.070
13	0.020	-0.578	0.404
14	-0.519	-1.052	-0.908
15	0.338	-0.084	1.267
16	1.232	-0.254	0.327
17	1.203	2.169	-1.981
18	-0.226	-0.857	-1.420
19	-0.780	0.605	1.859
20	-0.966	0.069	-0.439
21	-0.700	-0.426	0.527
22	0.067	0.244	0.089
23	-0.559	0.486	1.234
24	-1.085	0.351	1.013
25	-0.979	-0.401	-0.061
26	-0.551	-0.218	-0.743
27	-0.876	-0.974	-1.200
28	-0.932	0.045	-0.299
29	-0.310	1.254	0.460
30	-0.973	0.919	1.163
31	-1.015	0.611	0.164
32	-1.005	0.612	1.296
33	-1.013	-0.478	-0.408
34	-1.018	0.905	0.489
35	-0.615	0.390	1.583

図3.5 数量化Ⅲ類によるカテゴリースコアとサンプルスコアの一部

-1) 個，本章の事例の場合は 17 個のスコアが求められます．ここではそれら
を順に，第 1 軸，第 2 軸……と呼ぶことにします．これらの軸は変数あるいは
サンプルの特徴を識別するための情報が大きい順に並べられているので，最初
の 2 個あるいは 3 個の軸をもとに散布図などを描くことによって変数間の関連
性，サンプル間の関連性を評価できます．理論的な詳細についてはほかの参考
書などで確認してください．またフリーソフトウェア R を利用して数量化Ⅲ

類を実行する手順を付録Aで補足説明しています.

　第1軸と第2軸によるカテゴリースコアの散布図を **図3.6** に，サンプルスコアの散布図を **図3.7** に示します（Excelを使って描画しています）．サンプルスコアの図には対応するサンプルの「年代」を示しています．これらの図から18個の変数（選択肢）間の関連性，サンプル間の関連性，変数とサンプルの関連性をいろいろと検討することができます.

　図3.6 のカテゴリースコアの散布図の特徴は，**図3.3** のクロス集計表に対応します．横軸（第1軸）の右側にスポーツ系のレジャー活動が集まっています．左側にはゆとり系とギャンブル系のレジャー活動が集まり，これらの2つの関係が強いことが分かります．縦軸（第2軸）の上側には芸術系の2つのレジャー活動が集まっています．「観劇」と「囲碁・将棋」は，ほかの系統との関連の方が強いようです．「ドライブ」「スポーツ観戦」「その他の催し物」は原点の近くにあり，どのレジャー活動からも等距離のところにポジショニング

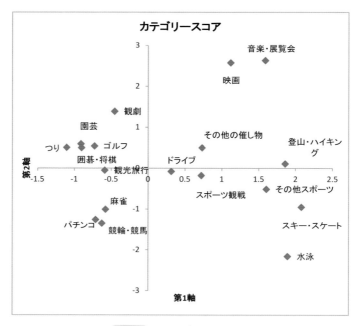

図3.6 カテゴリースコア

されています．これらの特徴はクロス集計表の特徴ととてもよく一致しています．双方を見比べると，より一層選択肢間の関連性が明確にできます．数量化III類は，このように視覚的に特徴を把握できる点が大きな利点です．

　今度は **図3.7** のサンプルスコアの散布図に注目してみましょう．**図3.6** のカテゴリースコアの位置と対応して見ます．第1軸の右側には20代のサンプルが集まっていますが，これはスポーツ系のレジャー活動との対応を示しています．他の年代もそれぞれ塊を作っていることが分かります．40代，50代以上は第1軸の左側にほぼ集中しています．これはカテゴリースコアの図との関係で見るとゆとり系とギャンブル系のレジャー活動との関わりが強いことを示しています．一方の30代のサンプルは芸術系からゆとり系，ギャンブル系などの広い範囲に分散しています．これらの特徴は **図3.4** の年代とレジャー活動のクロス集計が示す傾向と一致しています．データによっては2つの軸だけですべての特徴を見極められるわけではありません．そのような場合には第

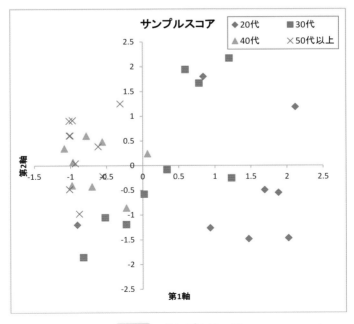

図3.7 サンプルスコア

3軸，第4軸なども併せて検討します．

　ここで **図3.8** を見てください． **図3.8** は，もとのデータ行列を第1軸のカテゴリースコアとサンプルスコアによって整列した図です．右上がりの対角線上にデータが並んでいます．縦方向はほぼ年代順に並んでいますが，いくつかのサンプルはほかの年代のなかに混じっています．この点はサンプルスコアの散布図上でも確認できました．数量化Ⅲ類はこのようにサンプルと変数の関連性が強くなるように数量を付与する理論と言えます．似たもの同士により近い数値が付与されます．

　以上の分析例から，可視化することがデータ分析にとっていかに大切であるかが分かります．さて今度は，ここまで見てきた方法と比較しながら，テキストマイニングツールを使ってさらにデータの特徴を探っていくことにします．

| | | | -1.11 | -0.91 | -0.90 | -0.73 | -0.71 | -0.63 | -0.59 | -0.58 | -0.46 | 0.31 | 0.72 | 0.73 | 1.12 | 1.59 | 1.60 | 1.86 | 1.89 | 2.08 |
サンプルスコア	No	年代	つり	園芸	囲碁・将棋	ゴルフ	パチンコ	競輪・競馬	観光旅行	麻雀	観劇	ドライブ	スポーツ観戦	その他の催し物	映画	音楽・展覧会	その他スポーツ	登山・ハイキング	水泳	スキー・スケート
2.12	08	20代													○	○	○	○		○
2.02	06	20代											○				○	○	○	○
1.88	01	20代										○					○	○		○
1.69	02	20代										○					○	○		○
1.47	07	20代							○								○	○		○
1.23	16	30代						○				○	○	○			○			○
1.20	17	30代										○		○			○			○
0.93	05	20代				○	○			○		○					○			○
0.84	03	20代				○					○				○	○				○
0.78	10	30代			○						○	○			○	○				
0.59	11	30代									○	○			○					
0.34	15	30代				○						○	○							
0.07	22	40代		○								○								
0.02	13	30代										○				○		○		
-0.23	18	40代					○	○		○		○		○						
-0.23	12	30代					○	○		○		○								
-0.31	29	50代以上	○							○					○					
-0.52	14	30代					○	○		○		○								
-0.55	26	50代以上		○		○						○								
-0.56	23	40代	○	○		○						○								
-0.62	35	50代以上		○		○						○								
-0.70	21	40代	○			○						○								
-0.78	19	40代	○			○						○								
-0.82	09	30代					○	○		○										
-0.88	27	50代以上			○					○										
-0.91	04	20代			○					○										
-0.93	28	50代以上	○	○						○										
-0.97	20	40代	○	○						○										
-0.97	30	50代以上	○	○					○											
-0.98	25	40代	○	○						○										
-1.01	32	50代以上	○	○	○	○														
-1.01	33	50代以上	○	○		○														
-1.01	31	50代以上	○	○					○	○										
-1.02	34	50代以上	○	○		○														
-1.08	24	40代	○	○	○	○														

図3.8 もとのデータをカテゴリースコアとサンプルスコアで整列

テキストマイニング流の探索的な分析

第2章においてレジャー活動のデータをテキスト化して KH Coder に読み込みました．ここから実際にテキストマイニング流で分析してみましょう．最初は読み込んだレジャー活動の選択肢をそのまま分析する探索的な分析からはじめます．本節では **図3.9** に示した5つのツールを利用します．すべて可視化して選択肢間あるいは年代などの外部変数との関連性を分析するためのツールです．先述した通り，距離や共起関係は ［Euclid］を選択しています．

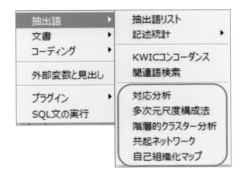

図3.9 探索的に分析するための5つのメニュー

■3.3.1 共起ネットワーク

図3.10 は共起ネットワークを適用した結果です．円の大きさは頻度を表し，線の太さは関連性（共起性）の強さに対応しています．したがって，この1枚の図の中に単純集計とクロス集計の情報が詰まっています．前節の数量化Ⅲ類とは異なり縦軸横軸の目盛りはありません．ポジションではなく，線で結ばれているか否かが関連性の有無と強さを表しています．指定したわけではありませんが，このデータの場合は当初想定していた4つのグループ，ゆとり系からギャンブル系に分類されました．ただし「観光旅行」「観劇」「ドライブ」「囲碁・将棋」の4つはどのグループに分類すべきか微妙な位置にあります．18個の選択肢の関連構造が視覚的に明瞭に理解できます．

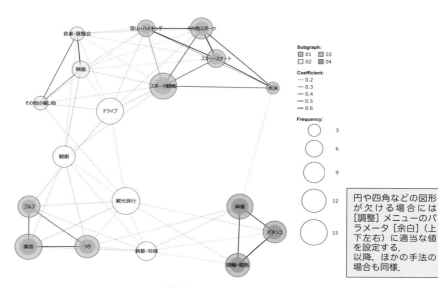

図3.10 共起ネットワーク

■ **3.3.2 階層的クラスター分析**

図3.11 はクラスター数を5と設定して実行した階層的クラスター分析の結果です．図の破線の枠は，クラスター数を5から4に減らした場合に併合されるクラスターです．ここに分類されるレジャー活動はゆとり系の活動が多く

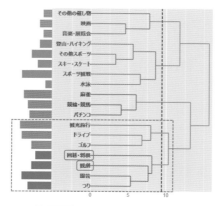

図3.11 階層的クラスター分析

を占めます．ただし，当初の分類では別のグループに含めていた「囲碁・将棋」「観劇」がここに含まれています．この点はクロス集計表，数量化Ⅲ類，共起ネットワークのいずれについても同様の傾向を示していました．ほかの3つのグループは当初の分類と一致しています．階層的クラスター分析は一つひとつのレジャー活動の併合プロセスが確認でき，クラスター間の距離が確認できるのも大きな利点です．たとえばクラスター数が4つの段階を見ると，スポーツ系と芸術系，ゆとり系とギャンブル系がそれぞれ近いということが分かります．

◾3.3.3　自己組織化マップ

　図3.12はクラスター数を4として実行した自己組織化マップです．「ドライブ」が芸術系に分類される以外は，クラスター分析の結果と同じ分類が行われています．クラスター分析の場合のように併合プロセスやクラスター間の距離は分かりませんが，興味深い可視化の形ではないでしょうか．

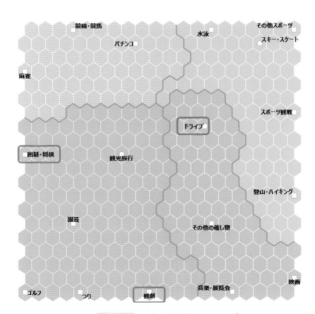

図3.12　自己組織化マップ

■3.3.4 多次元尺度構成法

図3.13 はクラスター数を4として求めた多次元尺度構成法の2次元の図です．また **図3.14** は3次元プロットです．今までの3つの分析法と異なり，目盛り付の空間上に18個の選択肢が布置され，そこから関係性を判断します．2次元の図では既にクラスター化されているので，それを参考に解釈できます．「観劇」「囲碁・将棋」がゆとり系に分類され，「ドライブ」が芸術系に分類される点は自己組織化マップと同じです．ただし3次元プロットを見ると「ドライブ」はゆとり系の「ゴルフ」「観光旅行」に近いようです．ほかのツールとの共通点と異なる点を比較しながら解釈することになります．

これまでの4つのツールに共通している特徴は，ギャンブル系の「囲碁・将棋」と芸術系の「観劇」がともに比較的高齢者に好まれるゆとり系のレジャー活動に近いという点です．さて次は，外部変数である年代との関連性を見てみましょう．

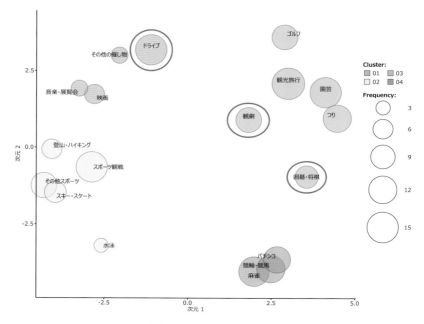

図3.13 多次元尺度構成法（2次元）

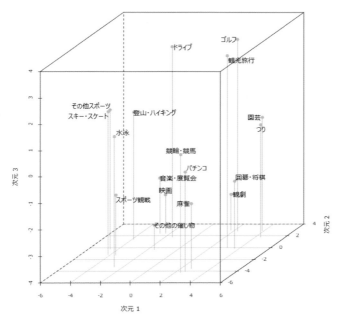

図3.14　多次元尺度構成法（3次元）

◻ 3.3.5　対応分析

　図3.15 と **図3.16** は，**図3.4** のクロス集計に基づく対応分析（コレスポ
ンデンス分析）の結果です．先述したように，対応分析は数量化Ⅲ類と同等の
手法ですが，ここでは円の大きさが頻度に比例するバブルプロットとして描か
れています．前者が成分1と成分2，後者が成分1と成分3の組み合わせによ
る図です．年代が4カテゴリーなので3成分まで求めることができます．全情
報のうち成分1が72％，成分2が18％，成分3が10％を占めています．した
がって成分1に注目すると全体の特徴がほぼ見えると考えていいでしょう．2
つの図から20代がスポーツ系，40代，50代以上がゆとり系やギャンブル系，
30代が芸術系，ギャンブル系，スポーツ系などの一部と幅広く関係があるこ
となど，クロス集計表が示していた傾向が視覚的に確認できます．また成分3
に注目すると40代と50代以上の微妙な差も見て取れます．50代以上は「観
劇」や「観光旅行」との関係が強いようです．

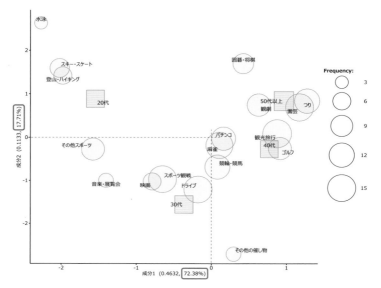

図3.15 対応分析（成分1×成分2）

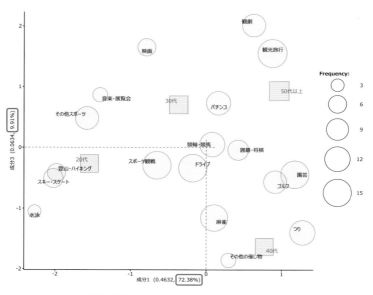

図3.16 対応分析（成分1×成分3）

　以上の通り，テキストマイニング流の分析によって，3.1節と3.2節でクロス集計や数量化Ⅲ類で分析したことを含めて，データの持つ豊かな情報を可視化して検討できることが分かりました．

3.4　テキストマイニング流の仮説検証的な分析

　本節における仮説検証的な分析とは，分析者が抽出語（ここではレジャー活動の選択肢）を組み合わせて定義する新しいコードをテキストマイニング流に可視化して特徴を調べることです．**図3.17** に示した KH Coder の［ツール／コーディング］メニューの機能をいくつか利用していきます．

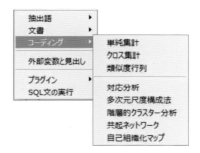

図3.17　テキストマイニング流の仮説検証的な分析メニュー

　はじめに **図3.18** のように仮説コードを定義してみましょう．18個のレジャー活動を4個の新コード，この場合は系統別レジャー活動に分類・集約しています．「or」で接続しているので，各々いずれかのレジャー活動を実施していれば，その新コードが「on（1）」になる（系統別レジャー活動を実施した）ということを意味する定義です．第1章で説明した通り，KH Coder を利用して分析する際には，テキスト形式か CSV 形式のコーディングルール・ファイルとして作成しておきます（ファイル名は任意）．

　抽出語を集約した形で定義した仮説コードを用いる興味深い分析は，外部変数との関連性を探ることです．最初にツールメニューから［クロス集計］を選択し，外部変数として「年代」を選択してみましょう．**図3.19** の結果が得

```
*ゆとり趣味
観光旅行 or ドライブ or ゴルフ or つり or 園芸

*芸術
観劇 or 映画 or 音楽・展覧会 or その他の催し物

*スポーツ
スポーツ観戦 or 登山・ハイキング or スキー・スケート or 水泳 or その他スポーツ

*ギャンブル
囲碁・将棋 or 麻雀 or パチンコ or 競輪・競馬
```

図3.18　レジャー活動の仮説コード1

	*ゆとり趣味	*芸術	*スポーツ	*ギャンブル	ケース数
20代	3 (37.50%)	2 (25.00%)	7 (87.50%)	4 (50.00%)	8
30代	7 (77.78%)	4 (44.44%)	6 (66.67%)	4 (44.44%)	9
40代	8 (100.00%)	3 (37.50%)	3 (37.50%)	6 (75.00%)	8
50代以上	10 (100.00%)	6 (60.00%)	1 (10.00%)	7 (70.00%)	10
合計	28 (80.00%)	15 (42.86%)	17 (48.57%)	21 (60.00%)	35
カイ2乗値	13.559**	2.345	12.382**	2.407	

図3.19　「年代」と「新コード」のクロス集計

られます．サンプル数は少ないのですが，「スポーツ」と「ゆとり趣味」は年代別に統計的な差があります．「ゆとり趣味」は40代，50代以上の支持が高いこと，「スポーツ」は20代，30代の支持が高いことが分かります．この点は前節で既に確認できた特徴ですが，ここでの分析からさらに明瞭になりました．このクロス集計の結果を可視化したのが **図3.20** と **図3.21** です．

　図3.20 のバブルプロットの四角形の大きさはクロス集計の出現割合を表し，また全体（合計）の平均からのズレが大きいほど色が濃くなっています．統計的な差が確認された「ゆとり趣味」と「スポーツ」が視覚的にも大きな違いがあることが見て取れます．また，折れ線グラフでも年代別の傾向がはっきりと分かります．特に「スポーツ」はほかのレジャー活動と傾向が大きく異なることが明瞭です．折れ線グラフは項目が多い場合には線が入り組んでしまいますが，その場合には項目を選択して描画することができます．

　図3.22 は対応分析，**図3.23** は共起ネットワークによって外部変数と新

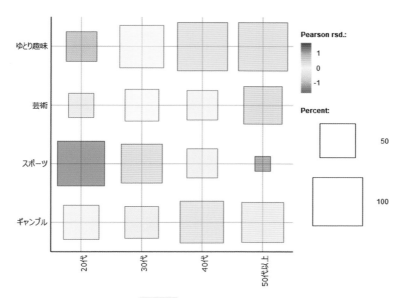

図3.20 バブルプロット

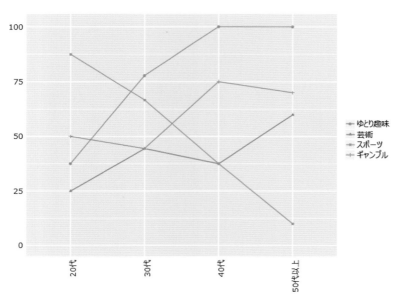

図3.21 折れ線グラフ

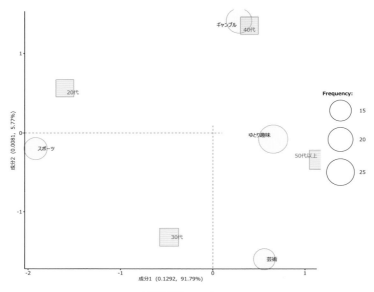

図 3.22 対応分析

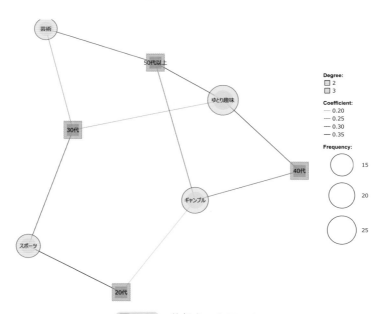

図 3.23 共起ネットワーク

コードの関係を示しています．対応分析では横軸に全情報の約90％が集中しています．「スポーツ」とそのほかのレジャー活動の違いを表す軸といえるでしょう．そして「スポーツ」は20代からの支持が強いことが分かります．この点はバブルプロットや折れ線グラフの示す特徴と一致しています．共起ネットワークについては，「スポーツ」と20代，30代の関連の強さ，「ゆとり趣味」と40代，50代以上の関連の強さなどがはっきりとした傾向として現れています．そのほかの特徴も線の太さを見て判断できますが，こういった特徴を **図3.19** のクロス集計の結果とあらためて比較することによって，より深く年代とレジャー活動の関係を読み取ることができます．

以上見てきた通り，仮説検証的な分析は前節のようにレジャー活動データの特徴を個別に理解するというよりは，大きな視点で概要をつかむ，要約して全体的な特徴を把握する場合に有効な手段です．ここでもテキストマイニング流の可視化が大きなポイントとなっています．

ところでKH Coderの仮説コードの機能には，**図3.24** のような利用の仕方もあります．通常の仮説コードは複数の語を組み合わせて定義するのですが，ここでは頻度が10を超えるレジャー活動だけをそのまま新コードとして定義してみました．つまり1つの選択肢に対して1つの新コードを割り当てています．

```
*観光旅行          *スポーツ観戦
観光旅行           スポーツ観戦

*ドライブ          *麻雀
ドライブ           麻雀

*つり             *パチンコ
つり              パチンコ

*園芸             *競輪・競馬
園芸              競輪・競馬
```

図3.24　レジャー活動の仮説コード2

図3.25 は年代とのクロス集計です．「観光旅行」などの統計的に差のあるコードとそうではないものがあります．この表は **図3.4** のクロス集計表の一部になりますが，統計的検定も含む，より情報量の多い表になっています．また，**図3.26** にバブルプロットを示しました．クロス集計表の示す傾向がよ

	*観光旅行	*ドライブ	*つり	*園芸	*スポーツ観戦	*麻雀	*パチンコ	*競輪・競馬	ケース数
20代	0 (0.00%)	3 (37.50%)	0 (0.00%)	0 (0.00%)	5 (62.50%)	3 (37.50%)	2 (25.00%)	2 (25.00%)	8
30代	4 (44.44%)	6 (66.67%)	0 (0.00%)	1 (11.11%)	6 (66.67%)	3 (33.33%)	3 (33.33%)	4 (44.44%)	9
40代	3 (37.50%)	4 (50.00%)	6 (75.00%)	6 (75.00%)	3 (37.50%)	5 (62.50%)	2 (25.00%)	3 (37.50%)	8
50代以上	9 (90.00%)	2 (20.00%)	6 (60.00%)	8 (80.00%)	1 (10.00%)	3 (30.00%)	4 (40.00%)	3 (30.00%)	10
合計	16 (45.71%)	15 (42.86%)	12 (34.29%)	15 (42.86%)	15 (42.86%)	14 (40.00%)	11 (31.43%)	12 (34.29%)	35
カイ2乗値	14.863**	4.477	17.690**	18.712**	7.846*	2.292	0.663	0.837	

図3.25 「年代」と「新コード2」とのクロス集計

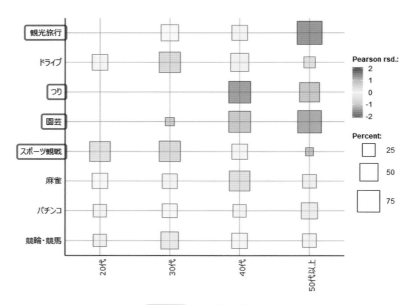

図3.26 バブルプロット

り明瞭に理解できます.

　このように,注目すべき選択肢を個別に分析することもできます.分析者の考えるいろいろな仮説を新コードとして定義することにより,集計したり可視化したりして検討することができます.

4 評定尺度データの テキストマイニング

□□ 評定法あるいは評定尺度法は質問に対する回答を「そう思う」〜「そうは思わない」などの 3〜9 段階のカテゴリー尺度の中から選択する方法であり，意識，態度，行動の背後にある基本的な要因（因子）を明らかにするためによく使われます（[1]）．アンケート調査においては最もよく使われる回答形式の 1 つです．

　本章では事例をもとに，はじめに評定尺度データの基本的な集計方法と因子分析について説明し，これらの方法と比較しながらテキストマイニング流の分析方法を紹介します．

4.1　事例データ：街のイメージ調査

　本章で利用するデータは，ある地域の商店街で営業している店舗に勤務する従業員を対象に実施したアンケート調査において，街のイメージを評定尺度法で回答してもらったデータであり，性別などの属性 3 項目も含めています（図4.1）．街のイメージに関する質問内容は，図4.2 に示す 16 項目 5 段階の評定尺度データです．

　以降の分析では「そう思う」に 5，「ややそう思う」に 4，……，「そうは思わない」に 1 と数値を与えて分析しています．図4.1 はこのようにして入力された 512 件のデータの一部です．

no	性別	年代	勤続年数	街のイメージ								
				1	2	3	…	12	13	14	15	16
1	2. 女性	1. 20代以下	3. 5年未満	3	3	3		3	3	4	3	3
2	1. 男性	2. 30代	1. 1年未満	4	4	4		3	3	3	3	3
3	1. 男性	1. 20代以下	4. 10年未満	4	4	4		4	4	4	4	4
4	2. 女性	2. 30代	4. 10年未満	2	2	3		3	3	4	4	4
5	2. 女性	1. 20代以下	3. 5年未満	2	3	5		2	2	2	3	4
6	2. 女性	4. 50代以上	5. 10年以上	3	4	4		3	3	5	5	5
7	2. 女性	2. 30代	2. 3年未満	2	2	3		2	4	4	4	3
8	2. 女性	3. 40代	2. 3年未満	2	4	3		4	4	3	4	3
9	1. 男性	4. 50代以上	5. 10年以上	4	4	4		4	4	4	4	4
10	1. 男性	1. 20代以下	3. 5年未満	3	3	3	…	3	3	4	3	3
11	2. 女性	1. 20代以下	2. 3年未満	4	4	4		3	4	4	2	4
12	2. 女性	1. 20代以下	2. 3年未満	3	4	5		3	5	5	4	5
14	2. 女性	2. 30代	1. 1年未満	3	4	3		4	4	4	4	4
15	1. 男性	4. 50代以上	5. 10年以上	3	5	3		3	3	3	3	3
16	1. 男性	1. 20代以下	2. 3年未満	3	4	4		3	3	4	4	4
17	2. 女性	1. 20代以下	3. 5年未満	3	3	4		3	4	4	4	4

図4.1 従業員調査データの一部

街のイメージ	そう思う	ややそう思う	どちらともいえない	あまりそうは思わない	そうは思わない
1. 活気のあるまちである					
2. どことなく明るいまちである					
3. 何と言ってもおしゃれなまちである					
4. 歴史の古いまちである					
5. 魅力あふれるまちである					
6. のんびりした雰囲気のまちである					
7. 発展的な感じがするまちである					
8. 清潔感のあるまちである					
9. 静かな落ち着いたまちである					
10. 大人のまちを感じさせる					
11. 高級感がただようまちである					
12. カジュアルな感じがするまちである					
13. 開放感のあるまちである					
14. 温かみが感じられるまちである					
15. 安心安全なまちと言える					
16. いつ行っても楽しいまちである					

図4.2 街のイメージを調べた評定尺度法の 16 項目

4.2 基本的な集計

　評定尺度データの単純集計の結果は，**図4.3** のように帯グラフを使って表すと全体的な特徴がよく分かります（Excel で描画しています）．また，「どちらともいえない」の前後の 2 つのカテゴリーを併合して 3 段階に再カテゴライ

ズしてまとめたのが 図4.4 です．これらの図を見ると，質問項目 1〜6 と 14 以降は肯定的な評価が 5 割を超えていますが，7〜13 までの質問項目の場合は 5 割を超えず，しかも「どちらともいえない」という保留的な評価が約 4 割から 5 割程度あり，判断が難しかったか判断に迷う質問であったことをうかがわせます．一方の 1〜6 と 14 以降の質問項目では保留意見は 3 割前後であるのに対して，「そう思う」という明確な肯定意見が 2 割前後と多い傾向を示しています．また「発展的」「静かな」「高級感」などのキーワードを含む 7，9，11 の質問項目は約 2 割かそれ以上の否定的な評価がなされている点も特徴の 1 つです．

　性別や年代別にどのような特徴を示すのかを知ることも興味深いことですが，街のイメージ 16 項目をすべて別々にクロス集計すると，全体的な傾向を見極めるのが難しくなります．そこでしばしば行われるのが肯定評価のみに注目して集計するやり方です．図4.5 は年代と街のイメージ項目の肯定評価のクロス集計です．ｎの行の数値は年代別のサンプル数を表しています．計（回

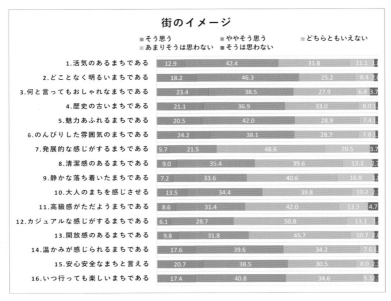

図4.3　評定尺度データの帯グラフ（5 段階）

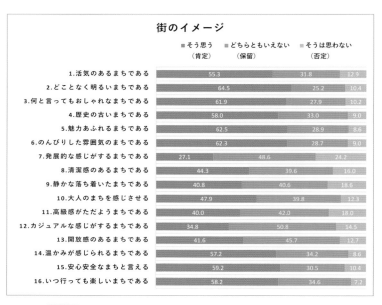

図4.4 評定尺度データの帯グラフ（3段階に併合して）

答件数 n＝512 件）の欄（列）を注目してください．当然なのですが **図4.4** の「そう思う（肯定）」の欄の割合（パーセント）と同じです．レンジ（範囲）は質問項目に対する年代別の「肯定評価」の割合（パーセント）の最大値と最小値の差，検定の欄は年代別に統計的な差があるか否かに関するカイ2乗検定（カイ2乗値）の結果と p 値です．p 値の＊印は有意水準を表し，「＊」は5％，「＊＊」は1％，「＊＊＊」は0.1％で有意であることを表します．詳しくは章末の参考文献などを参照してください．＊印のある項目は「年代別の差が大きい」と考えてください．レンジの欄の棒グラフとほぼ対応します．「6. のんびりした雰囲気のまちである」や「10. 大人のまちを感じさせる」は年代別の差が大きいことが確認できます．「5. 魅力あふれるまちである」とか「16. いつ行っても楽しいまちである」などの「差のない」質問項目にも注目してください．

　同じクロス集計を折れ線グラフにしたのが **図4.6** です．折れ線が込み入って判断が難しい点はありますが，それでも **図4.5** で差の大きかった，たとえば9～12 などの質問項目は年代別の差が大きいことを明らかに見て取れます．

また単純集計の全体的な傾向も読み取ることができます.

街のイメージ	20代以下	30代	40代	50代以上	計	レンジ（範囲）	検定	
n	225	134	69	84	512		χ^2値	p値
1.活気のあるまちである	52.4	52.2	59.4	64.3	55.3	12.0	4.47	0.215
2.どことなく明るいまちである	57.8	67.9	65.2	76.2	64.5	18.4	10.14	0.017 *
3.何と言ってもおしゃれなまちである	60.9	62.7	56.5	67.9	61.9	11.3	2.24	0.523
4.歴史の古いまちである	56.0	64.2	53.6	57.1	58.0	10.6	3.04	0.386
5.魅力あふれるまちである	63.6	58.2	66.7	63.1	62.5	8.5	1.68	0.641
6.のんびりした雰囲気のまちである	68.0	70.1	53.6	41.7	62.3	28.5	24.07	0.000 ***
7.発展的な感じがするまちである	20.0	32.1	26.1	39.3	27.1	19.3	13.76	0.003 **
8.清潔感のあるまちである	40.4	44.0	44.9	54.8	44.3	14.3	5.10	0.165
9.静かな落ち着いたまちである	47.6	38.8	30.4	34.5	40.8	17.1	8.91	0.031 *
10.大人のまちを感じさせる	55.6	50.0	26.1	41.7	47.9	29.5	19.99	0.000 ***
11.高級感がただようまちである	46.2	35.8	24.6	42.9	40.0	21.6	11.67	0.009 **
12.カジュアルな感じがするまちである	27.1	39.6	47.8	36.9	34.8	20.7	12.53	0.006 **
13.開放感のあるまちである	44.0	36.6	37.7	46.4	41.6	9.9	3.17	0.366
14.温かみが感じられるまちである	60.4	56.7	53.6	52.4	57.2	8.1	2.43	0.544
15.安心安全なまちと言える	52.9	65.7	59.4	65.5	59.2	12.8	7.40	0.060
16.いつ行っても楽しいまちである	55.1	61.9	60.9	58.3	58.2	6.8	1.86	0.603

図4.5　年代と街のイメージ（肯定評価の割合）のクロス集計

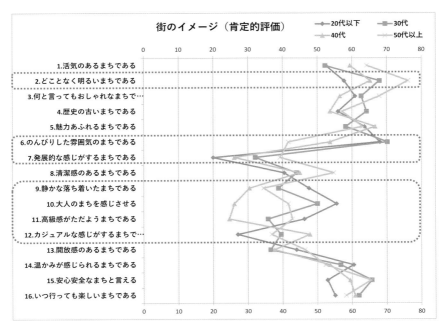

図4.6　年代と街のイメージ（肯定評価の割合）の折れ線グラフ

4.3 関連構造を探る因子分析

第3章の複数回答の分析の場合には，クロス集計をベースにして数量化Ⅲ類を適用することによって，項目間の関連構造を探り，同時に年代別の特徴などを明らかにしました．本章で扱うような量的データの場合に多数の変数間の関連構造・相関構造を分析する手法として代表的なものが因子分析です．アンケート調査のデータ分析をするときにはよく利用されます．因子分析のベースとなるのは **図4.7** に示した相関行列です．相関行列は2つの項目間の関連性を表す相関係数を表のように並べたものです．相関係数は−1から1の間の値をとり，1に近いほど正の相関が強いこと，−1に近いほど負の相関が強いこと，0は無相関であることを表します．相関係数が0.3を超えるセルに網がけしてみました．0.3という値に特別の意味はありませんが全体的な傾向を見るための参考としてこのようにしてみました．「明るい」「おしゃれな」「魅力あふれる」などの言葉を含む項目のように，ほかの多くの項目と互いに関連を持つものと，「歴史の古い」「カジュアルな」などを含む項目のように，ほかの項目とはあまり関連を持たないものがあるなど，変数の数が多いこともあってこのままでは全体的な特徴をつかむのはなかなか難しいようです．

このような場面でよく利用される手法が因子分析です．**図4.8** に因子数が2個の場合の因子分析のモデルを示しました．多数の変数の背後に，それらに影響を与える共通の要因（因子）が存在し，そのことによって変数間に相関が生じると仮定するモデルです．共通因子の間にも相関があると考えるモデル（斜交モデル）と相関がないとするモデル（直交モデル）があります．知能テストや適性検査などもこのような隠れた能力（因子）を発見したいという考えのもとに行われています．また，因子分析は次元縮小のためのモデルとも言われています．次元縮小とは，多次元の複雑な相関構造のデータが持つ情報をできるだけ保持しつつ，少数次元の単純で分かりやすい構造のデータへ変換しようとする方法です．求められた因子は新しい変数として追加され，もとの変数の代わりに分析対象のデータとして利用します．第1章のテキストマイニングにおける仮説コードや第3章の数量化Ⅲ類の結果として新しい軸（カテゴリー）が追加されるのと同じ構造になります．サンプル（回答者）別の因子の値は因

	1 活気のある	2 明るい	3 おしゃれな	4 歴史の古い	5 魅力ある	6 のんびり	7 発展的な	8 清潔感	9 静かな	10 大人の	11 高級感	12 カジュアルな	13 開放感	14 温かみ	15 安全安心	16 楽しい
1. 活気のあるまちである	1.00	0.73	0.47	0.14	0.46	-0.08	0.43	0.28	-0.07	0.11	0.25	0.15	0.32	0.27	0.15	0.43
2. どことなく明るいまちである	0.73	1.00	0.57	0.10	0.47	-0.06	0.45	0.34	-0.05	0.09	0.30	0.21	0.36	0.31	0.17	0.49
3. 何と言ってもおしゃれなまちである	0.47	0.57	1.00	0.14	0.67	-0.01	0.46	0.38	0.03	0.22	0.50	0.08	0.27	0.16	0.11	0.53
4. 歴史の古いまちである	0.14	0.10	0.14	1.00	0.26	0.27	0.08	0.09	0.13	0.28	0.15	0.05	0.11	0.25	0.15	0.23
5. 魅力あふれるまちである	0.46	0.47	0.67	0.26	1.00	0.17	0.43	0.36	0.11	0.28	0.41	0.12	0.35	0.31	0.22	0.59
6. のんびりした雰囲気のまちである	-0.08	-0.06	-0.01	0.27	0.17	1.00	-0.08	0.14	0.42	0.21	-0.01	0.05	0.17	0.31	0.22	0.16
7. 発展的な感じがするまちである	0.43	0.45	0.46	0.08	0.43	-0.08	1.00	0.38	0.08	0.17	0.38	0.14	0.26	0.19	0.19	0.39
8. 清潔感のあるまちである	0.28	0.34	0.38	0.09	0.36	0.14	0.38	1.00	0.35	0.20	0.30	0.16	0.24	0.26	0.23	0.38
9. 静かな落ち着いたまちである	-0.07	-0.05	0.03	0.13	0.11	0.42	0.08	0.35	1.00	0.37	0.18	0.03	0.08	0.18	0.18	0.08
10. 大人のまちを感じさせる	0.11	0.09	0.22	0.28	0.28	0.21	0.17	0.20	0.37	1.00	0.49	-0.06	0.08	0.19	0.21	0.22
11. 高級感がただようまちである	0.25	0.30	0.50	0.15	0.41	-0.01	0.38	0.30	0.18	0.49	1.00	-0.05	0.13	0.03	0.10	0.34
12. カジュアルな感じがするまちである	0.15	0.21	0.08	0.05	0.12	0.05	0.14	0.16	0.03	-0.06	-0.05	1.00	0.36	0.27	0.20	0.16
13. 開放感のあるまちである	0.32	0.36	0.27	0.11	0.35	0.17	0.26	0.24	0.08	0.08	0.13	0.36	1.00	0.51	0.30	0.46
14. 温かみが感じられるまちである	0.27	0.31	0.16	0.25	0.31	0.31	0.19	0.26	0.18	0.19	0.03	0.27	0.51	1.00	0.42	0.50
15. 安心安全なまちと言える	0.15	0.17	0.11	0.15	0.22	0.22	0.19	0.23	0.18	0.21	0.10	0.20	0.30	0.42	1.00	0.34
16. いつ行っても楽しいまちである	0.43	0.49	0.53	0.23	0.59	0.16	0.39	0.38	0.08	0.22	0.34	0.16	0.46	0.50	0.34	1.00

図4.7 街のイメージの項目間の相関行列

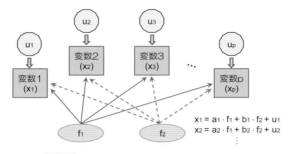

図4.8 因子分析：2因子（f_1, f_2）モデル

各変数は共通因子（f_1, f_2）と独自因子（u_j）から影響を受ける．共通の因子からの影響によって変数間の相関が生じる．

子スコアあるいは因子得点と呼ばれます．

　本書の因子分析ではフリーソフトウェア R を用いました．付録 B で本書の事例に基づいて解説していますので参照してください．因子分析を実行する際には，あらかじめ分析者は因子数，初期解を求める方法，回転の方法などを決めなければなりません．因子分析はモデル図に示す通り，たいへん魅力的な方法ですが，一方で解を求めるのは困難な方法でもあります．この点に関して本章の参考文献[2]では次のように述べています．

　　因子数が2つ以上になると，因子数を決めても解が1通りに定まらないという性質がある．これを「回転の不定性」という．そこで，実際の因子分析では，計算のためにある種の制約を課し，連立方程式を満たす解の1つを求める，ということをはじめに行う．このようにして求められる解のことを「初期解」という．初期解を求めた後には，結果の解釈が容易になるように，「因子の回転」と呼ばれる手続きを踏むのが一般的である．初期解は，無数の可能な解のうちの1つであるから，必ずしもこれを最終的な解として採用する必要はない．そこで何か基準を設けて，連立方程式を満たしており，かつ分析者にとって結果の解釈が容易になるような解を求めるのである．

　本書で利用した R の場合は，初期解には最尤法という方法が採用されています．付録 B には因子数を決めるときに参考になる方法も説明しています．4.5節で紹介する探索的なテキストマイニング流の分析結果も参考になるで

しょう．また回転の方法は，直交モデルとしてバリマックス回転，斜交モデルとしてプロマックス回転という方法を選択することができます．どちらも標準的な方法としてよく利用されています．

図4.9 は，因子数を4として求めた，直交モデルと斜交モデルの結果（因子行列）を示しています．表中の数値は因子負荷量と呼ばれ，−1から1の間の値をとり，もとの変数（街イメージの16個の質問項目）と4つの因子の関連性の強さ（因子から変数への影響指標（[2]））を表しています．斜交モデルの場合には因子間の相関行列も求めます．両モデルとも街イメージの各項目は特定の1つか2つの因子とだけ強い関連を持っています．また因子側から見ると，それぞれ少数の項目とだけ関連が強く，ほかの項目との関連は弱いといったメリハリの効いた構造になっています．これは因子の回転による効果で，解釈を容易にする原因になっています．ただし，斜交モデルの方がよりシンプル（単純構造）に見えます．直交か斜交かの違いはありますが因子行列の構造は類似しています．たとえば，各因子とも最も大きな因子負荷量に注目すると因子1は「おしゃれ」，因子2は「温かみ」，因子3は「大人の」，因子4は「活気のある」などの言葉を含む項目であることは共通しています．実際には，このように因子負荷量の（絶対値の）大きい言葉に着目して因子の解釈を行いま

街のイメージ	直交モデル（バリマックス回転）				斜交モデル（プロマックス回転）			
	因子1	因子2	因子3	因子4	因子1	因子2	因子3	因子4
1. 活気のあるまちである	0.41	0.24	-0.05	0.68	-0.02	0.14	0.08	0.79
2. どことなく明るいまちである	0.50	0.28	-0.08	0.66	0.13	0.16	-0.01	0.73
3. 何と言ってもおしゃれなまちである	0.85	0.06	0.04	0.19	1.00	-0.14	-0.13	-0.03
4. 歴史の古いまちである	0.14	0.20	0.31	0.01	0.03	0.20	0.25	-0.02
5. 魅力あふれるまちである	0.73	0.27	0.17	0.10	0.88	0.13	-0.06	-0.10
6. のんびりした雰囲気のまちである	-0.01	0.35	0.37	-0.23	-0.02	0.42	0.42	-0.30
7. 発展的な感じがするまちである	0.48	0.13	0.11	0.31	0.34	0.02	0.09	0.27
8. 清潔感のあるまちである	0.38	0.22	0.25	0.15	0.27	0.17	0.17	0.08
9. 静かな落ち着いたまちである	0.02	0.13	0.54	-0.11	-0.13	0.17	0.51	-0.13
10. 大人のまちを感じさせる	0.21	-0.05	0.75	0.10	-0.10	-0.06	0.85	0.09
11. 高級感がただようまちである	0.54	-0.19	0.44	0.18	0.44	-0.32	0.50	0.08
12. カジュアルな感じがするまちである	0.04	0.39	-0.07	0.09	-0.04	0.42	-0.17	0.11
13. 開放感のあるまちである	0.25	0.59	0.06	0.13	0.14	0.60	-0.14	0.10
14. 温かみが感じられるまちである	0.10	0.76	0.24	0.10	-0.14	0.88	0.04	0.11
15. 安心安全なまちと言える	0.09	0.45	0.27	0.05	-0.09	0.49	0.16	0.05
16. いつ行っても楽しいまちである	0.57	0.49	0.16	0.10	0.54	0.41	-0.07	0.00

因子間相関

	因子1	因子2	因子3	因子4
因子1	1.00	0.50	0.45	0.62
因子2	0.50	1.00	0.38	0.01
因子3	0.45	0.38	1.00	0.21
因子4	0.62	0.01	0.21	1.00

図4.9 街イメージの因子行列

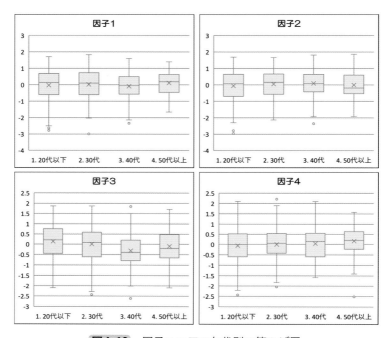

図4.10 因子スコアの年代別の箱ひげ図

す．つまり，ある項目群に共通の影響を与える「因子」は，言葉に置き換える
なら何と名づけるのが適切かを検討します．この点についてはテキストマイニ
ングの結果と比較しながら後の節でもう一度検討することにします．

　因子分析によって16次元の情報が4次元に縮約されるので，街の全体的な
イメージや年代などの外部変数による特徴を理解するのがとても容易になりま
す．たとえば **図4.10** は直交モデルで計算したときの因子スコアの年代別箱
ひげ図です．因子の視点から年代別の街に対するイメージの違いが見て取れま
す．たとえば「静かな」「大人の」「高級感」などと関連の強い因子3は，若い
世代に比べると40代や50代以上の平均値が小さいという特徴があります．こ
のほかにもクラスター分析によってサンプルを分類するなど，もとの変数と同
じようにいろいろな分析が因子ベースで可能になります．

4.4 テキストマイニングのためのデータを作る

　評定尺度データをテキストマイニング流で分析するためには，第2章で説明した複数回答のデータと同じようにテキストデータに変換する必要があります．4.2節では，もともと5段階で評価されたデータを3段階に併合したグラフを描いたり，肯定評価（「そう思う」＋「ややそう思う」）の割合と年代とのクロス集計をしたりしながら街のイメージについて分析しました．このようにデータそのものをある程度単純化することもデータの全体的な特徴を明らかにするヒントになります．この点に注目してテキストデータも作っていくことにします．

　テキストマイニングは分析結果を可視化することが大きな目標なので，あらかじめ **図4.11** のように，もとの16個の質問項目を短縮化した文字列に置き換えることにします．

街のイメージ	短縮表現
1. 活気のあるまちである	活気のある
2. どことなく明るいまちである	明るい
3. 何と言ってもおしゃれなまちである	おしゃれな
4. 歴史の古いまちである	歴史のある
5. 魅力あふれるまちである	魅力のある
6. のんびりした雰囲気のまちである	のんびりした
7. 発展的な感じがするまちである	発展的な
8. 清潔感のあるまちである	清潔な
9. 静かな落ち着いたまちである	静かな
10. 大人のまちを感じさせる	大人の
11. 高級感がただようまちである	高級な
12. カジュアルな感じがするまちである	カジュアルな
13. 開放感のあるまちである	開放的な
14. 温かみが感じられるまちである	温かみのある
15. 安心安全なまちと言える	安全な
16. いつ行っても楽しいまちである	楽しい

図4.11 質問項目の短縮化

　街のイメージを評価した評定尺度データをテキストデータへと変換する手順は **図4.12** の通りです．まず，肯定評価（「そう思う」または「ややそう思う」）のデータ（Excel シート上の4または5のセル）を短縮化した文字列で置き換えます．次に，3以下の値を削除して，最後に行ごとに16個のすべて

no	性別	年代	勤続年数	街のイメージ 1 活気のある	2 明るい	3 おしゃれな	...	12 カジュアルな	13 開放的な	14 温かみのある	15 安全な	16 楽しい
1	2.女性	1.20代以下	3.5年未満	3	3	3		3	3	4	3	3
2	1.男性	2.30代	1.1年未満	4	4	4		3	3	3	3	3
3	1.男性	1.20代以下	4.10年未満	4	4	4		4	4	4	4	4
4	2.女性	2.30代	4.10年未満	2	2	3		3	3	4	4	4
5	2.女性	1.20代以下	3.5年未満	2	3	5		2	2	2	3	4
6	2.女性	4.50代以上	5.10年以上	3	4	4		3	3	3	5	5
7	2.女性	2.30代	2.3年未満	3	4	4		3	4	4	3	4
8	3.40代	2.3年未満	3	4	4		4	4	3	4	3
9	1.男性	4.50代以上	5.10年以上	4	4	4		4	4	4	4	4
10	1.男性	1.20代以下	3.5年未満	3	3	3	...	3	3	4	3	3
11	2.女性	1.20代以下	2.3年未満	4	4	4		3	4	4	2	4
12	2.女性	1.20代以下	2.3年未満	3	4	5						
14	2.女性	2.30代	1.1年未満	3	4	3						
15	1.男性	4.50代以上	5.10年以上	3	5	3						
16	1.男性	1.20代以下	2.3年未満	3	4	4		3	3	4	4	4
17	2.女性	1.20代以下	3.5年未満	3	3	4		3	3	4	4	4

短縮化した文字列

(1) 肯定的評価の 4 または 5 のセルを短縮化した文字列で置き換える.
(2) その他のセルの値は削除する.
(3) 行ごとにすべてのセルを結合する.

図4.12 評定尺度データのテキスト化の方法

no	性別	年代	勤続年数	街のイメージ
1	2.女性	1.20代以下	3.5年未満	歴史のある,のんびりした,静かな,温かみのある
2	1.男性	2.30代	1.1年未満	活気のある,明るい,おしゃれな
3	1.男性	1.20代以下	4.10年未満	活気のある,明るい,おしゃれな,魅力のある,清潔な,カジュアルな,開放的な,温かみのある,安全な,楽しい
4	2.女性	2.30代	4.10年未満	歴史のある,のんびりした,清潔な,静かな,大人の,温かみのある,安全な,楽しい
5	2.女性	1.20代以下	3.5年未満	おしゃれな,歴史のある,魅力のある,のんびりした,高級な,楽しい
6	2.女性	4.50代以上	5.10年以上	明るい,おしゃれな,魅力のある,のんびりした,清潔な,静かな,大人の,安全な,楽しい
7	2.女性	2.30代	2.3年未満	歴史のある,のんびりした,清潔な,静かな,開放的な,温かみのある,安全な
8	3.40代	2.3年未満		明るい,歴史のある,のんびりした,清潔な,静かな,カジュアルな,開放的な,安全な
9	1.男性	4.50代以上	5.10年以上	活気のある,明るい,おしゃれな,歴史のある,魅力のある,大人の,高級な,カジュアルな,開放的な,温かみのある,安全な,楽しい
10	1.男性	1.20代以下	3.5年未満	歴史のある,のんびりした,温かみのある
11	2.女性	1.20代以下	2.3年未満	活気のある,明るい,おしゃれな,魅力のある,開放的な,温かみのある,楽しい
12	2.女性	1.20代以下	2.3年未満	明るい,おしゃれな,歴史のある,魅力のある,のんびりした,発展的な,清潔な,静かな,開放的な,温かみのある,安全な,楽しい
14	2.女性	2.30代	1.1年未満	明るい,歴史のある,のんびりした,カジュアルな,開放的な,温かみのある,安全な,楽しい
15	1.男性	4.50代以上	5.10年以上	明るい,歴史のある
16	1.男性	1.20代以下	2.3年未満	明るい,おしゃれな,歴史のある,魅力のある,のんびりした,清潔な,静かな,大人の,高級な,温かみのある,安全な,楽しい
17	2.女性	1.20代以下	3.5年未満	おしゃれな,魅力のある,のんびりした,大人の,開放的な,温かみのある,安全な,楽しい

図4.13 街イメージのテキストマイニング用データ

図4.14　KH Coder で抽出語リストを確認

の質問項目を結合します（2.2節参照）．完成したテキストマイニング用のデータを **図4.13** に示します．

　第2章で説明した手順でテキストマイニング用のデータを KH Coder に読み込み，［前処理の実行］のあとに抽出語リストを確認してください（ **図4.14** ）．頻度順に整列されていますが，街イメージを表す16個の文字列が正しく抽出されていることが分かります．性別などの外部変数の入力状況についても確認しておいてください．テキストマイニングがここからスタートできます．

4.5　テキストマイニング流の探索的な分析

　KH Coder を利用して，街のイメージに関する16個の抽出語を対象とするテキストマイニング流の探索的な分析を実行してみましょう．第3章の複数回

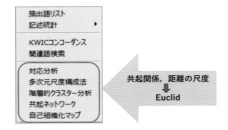

図4.15 抽出語を対象とするテキストマイニング流の探索的な分析

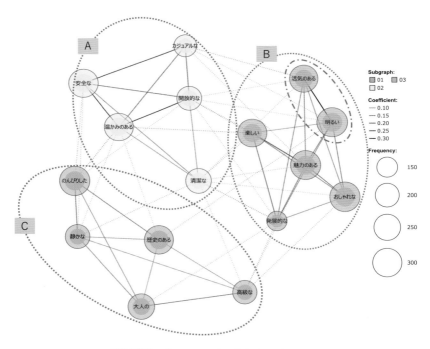

図4.16 街イメージの共起ネットワーク

答の場合と同様に **図4.15** のメニューのツールで分析します．共起関係や距離は［Euclid］を選択しています．

最初に共起ネットワークで抽出語間の関係を調べてみます．**図4.16** はオプションとして「強い共起関係ほど濃い線に」を指定し，またサブグラフ検出

は［random walks］を選択して描いています．円の大きさ（出現頻度）から「高級な」「静かな」「発展的な」「カジュアルな」などは街のイメージとしては強くないことが分かります．**図4.14** の抽出語リストのグラフにも示した通りです．共起関係の強さからここでは3つのグループ（Subgraph）に分類されていますが，含まれる抽出語を見ると **図4.9** の因子行列との類似性が非常に高いことが分かります．それぞれ Subgraph A は因子2に，C は因子3に特徴づけられる抽出語に対応し，B は因子1の中に因子4を包み込むように分類されています．「明るい」「活気のある」は因子4の特徴が最も強いものの，因子1の特徴も併せ持ち，ここでは1つの Subgraph に分類されました．また異なる Subgraph の抽出語間にも弱い関連性があることも分かります．

　図4.17 にクラスター数を特に指定しないで実行した階層的クラスター分析の結果を示しました．KH Coder の実行結果はクラスター数が4となりました．最も相関の強い「明るい」と「活気のある」（相関係数＝0.73）が1つのクラスターを構成していますが，仮にクラスター数を3として分析すると「おしゃれな」などを含むすぐ下のクラスターと併合され，共起ネットワークのSubgraph の構造とクラスターの構造がほぼ一致します．クラスター数が4の

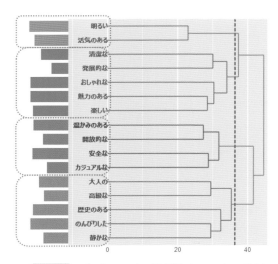

図4.17　街イメージの階層的クラスター分析

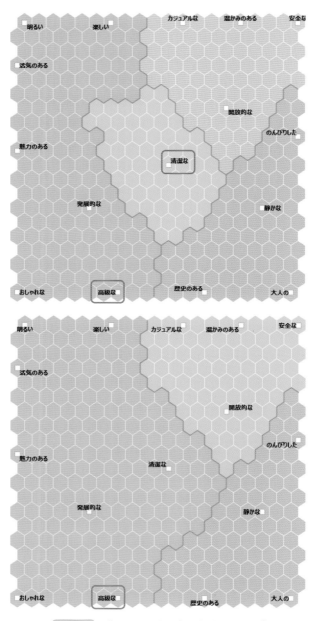

図4.18 街イメージの自己組織化マップ

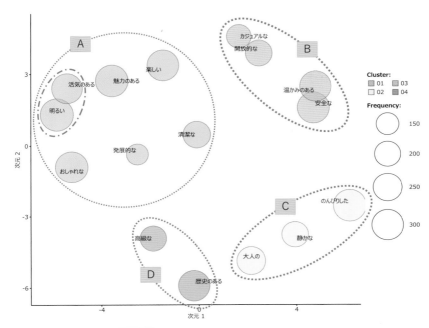

図4.19 街イメージの多次元尺度構成法

場合，因子分析の結果との類似性が非常に高いことが分かります．評定尺度データを1〜5のまま分析した因子分析の結果と「肯定的か否か」というデータに情報を縮約化してテキストマイニング流で分析した結果の間にこれほどの共通性が見られることはたいへん興味深いことであると思います．

図4.18 は上側がクラスター数を4，下側が3として実行した自己組織化マップです（実行時間はともに約20分を要しました（Windows 10，CORE i5））．

クラスター数が4の場合は「清潔な」が特異点のように単独で1つのクラスターを構成しています．クラスター数を3にするとほかのクラスターに取り込まれ，共起ネットワークや階層的クラスター分析の分類とほとんど同じになります．この場合は「高級な」の位置がこれまでの結果と異なっていますが，**図4.9** の因子分析の結果では因子1との関わりの方が因子3よりも若干強く，その意味では共起ネットワークや階層的クラスター分析よりも因子分析のパ

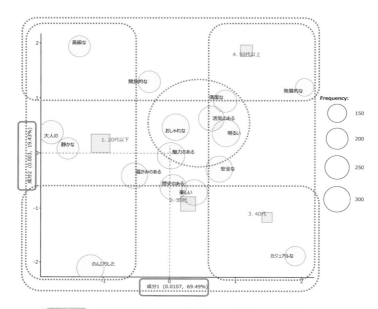

図4.20 年代と街イメージに関わる抽出語の対応分析

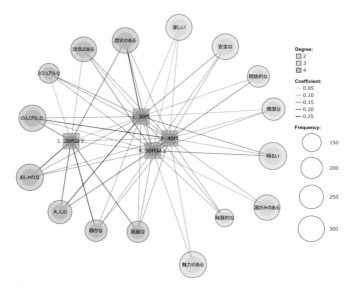

図4.21 年代と街イメージに関わる抽出語の共起ネットワーク

ターンに近いといえます.

図4.19 はクラスター数を 4 として実行した多次元尺度構成法の結果です. クラスターAは因子 1 と 4 と関わりが強い抽出語のクラスター, Bは因子 2 と関わりの強い抽出語のクラスターであり, 因子 3 に関わりのある抽出語は 2 次元の座標上の距離は近いもののクラスターCとDの 2 つに分割されています. ただし, クラスター数を 3 として分析するとCとDが併合されて, 共起ネットワークや階層的クラスター分析と同じ分類結果になります.

つぎに外部変数の 1 つの年代と街イメージに関わる抽出語の関連性をテキストマイニング流で分析してみましょう. **図4.5** のクロス集計と **図4.6** の折れ線グラフに対応するテキストマイニング流の分析です. **図4.20** に対応分析, **図4.21** に共起ネットワークの図を示しました. どちらの図も抽出語の数が多く, 年代との関係を読み取るのは簡単ではないように見えます. 特に共起ネットワークの図では線が入りくんで特徴の把握が難しいかもしれません. ここでは対応分析の方に注目してみます. 図を見る時のポイントの 1 つは各成分の情報量の大きさです. **図4.20** の場合は横軸(成分 1)が全体の約 7 割を占めていて, 20 代と 40 代, 50 代以上との違いを表す軸と判断できます.「高級な」「大人の」「静かな」「のんびりした」などの因子 3 の特徴を持つ抽出語が 20 代と関連が強く,「発展的な」「カジュアルな」「清潔な」「明るい」などの抽出語は 40 代, 50 代以上との関連が強いなどの傾向が見えてきます. これらの特徴はクロス集計や折れ線グラフで確認できたことと一致します. また, 各年代のプロット位置から年代固有の特徴を示す抽出語も検討できます.

以上のような探索的な分析を通して得られた情報をもとに, さらに仮説検証的な分析へと進みましょう.

4.6 テキストマイニング流の仮説検証的な分析

仮説コードを定義することによって, 街のイメージを大きな視点で再評価してみましょう. 前節の探索的な分析から 3 あるいは 4 つの軸にまとめて街イメージを検討することができそうだということが分かりました. その視点に立って街のイメージを「おしゃれな街」「くつろぎの街」「大人の風情の街」

```
*おしゃれな街
 おしゃれな or 魅力のある or 楽しい

*くつろぎの街
 開放的な or 温かみのある or 安全な

*大人の風情の街
 静かな or 大人の or 高級な

*賑わいの街
 活気のある or 明るい
```

図4.22 街イメージの仮説コード

「賑わいの街」という4つの軸で評価できるとして定義した仮説コードが **図4.22** です.4.3節で見た因子分析の4因子もこのような視点で命名することができるでしょう.ここでは16個の抽出語をすべて使うのではなく,出現頻度なども考慮して,それぞれの仮説コードにふさわしい典型的な抽出語で構成しました.

KH Coder のメニュー[ツール/コーディング]内に含まれるいくつかの分析機能を利用して,仮説コードに関する分析を試みます. **図4.23** は年代と仮説コードのクロス集計です.「おしゃれな街」と「くつろぎの街」については年代別に差のない共通のイメージである一方,「大人の風情の街」と「賑わいの街」については年代別の差が認められます. **図4.24** と **図4.25** はクロス集計に対するバブルプロットと折れ線グラフですが,差のある2つの仮説コードの傾向が正反対であることが可視化することによってより一層明確になります.相対的に若い年代は「大人の風情の街」というイメージが強く,逆に

	*おしゃれな街	*くつろぎの街	*大人の風情の街	*賑わいの街	ケース数
1. 20代以下	177 (78.67%)	170 (75.56%)	176 (78.22%)	143 (63.56%)	225
2. 30代	109 (81.34%)	109 (81.34%)	93 (69.40%)	93 (69.40%)	134
3. 40代	53 (76.81%)	50 (72.46%)	34 (49.28%)	48 (69.57%)	69
4. 50代以上	68 (80.95%)	65 (77.38%)	54 (64.29%)	69 (82.14%)	84
合計	407 (79.49%)	394 (76.95%)	357 (69.73%)	353 (68.95%)	512
カイ2乗値	0.79	2.497	22.550**	9.912*	

図4.23 年代と仮説コードのクロス集計

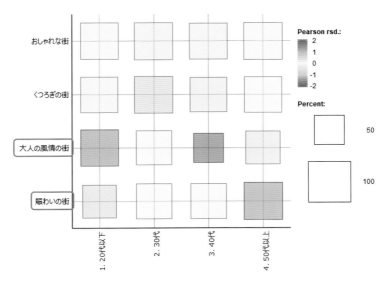

図4.24 年代と仮説コードのバブルプロット

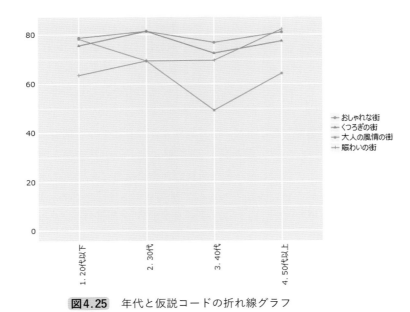

図4.25 年代と仮説コードの折れ線グラフ

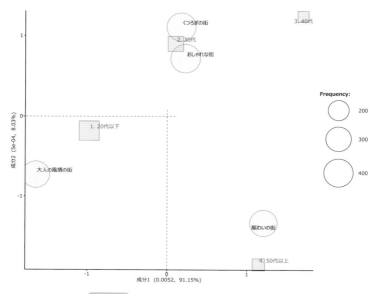

図4.26 年代と仮説コードの対応分析

50代以上の年代は「賑わいの街」というイメージが強い傾向があります.

　また，**図4.26** は年代と仮説コードの対応分析ですが，年代と抽出語の場合（ **図4.20** ）に比較すると各年代が街に抱くイメージの違いが非常に明瞭になっています．可視化する場合も描く要素の数を絞り込むことが重要といえます.

　図3.24 で紹介したように，1つの仮説コードに1つの抽出語を対応させることによって，4.2節の **図4.5** ，**図4.6** に示した外部変数とのクロス集計や検定も行うことができます．また折れ線グラフ以外にもテキストマイニング流のいろいろなグラフも作成できるので便利です．抽出語が多い場合には10個程度以内のグループに分けてコーディングルール・ファイルを作成するといいでしょう．**図4.27** は街イメージの16個の抽出語を2グループに分けて仮説コードを定義して，年代とクロス集計した結果です．**図4.28** と **図4.29** は対応するバブルプロットです．折れ線グラフの場合（ **図4.6** ）は外部変数のカテゴリー数が多くなると込み入って傾向を把握するのが難しくなりますが，

	*活気のある	*明るい	*おしゃれな	*歴史のある	*魅力のある	*のんびりした	*発展的な	*清潔な	ケース数
1. 20代以下	118 (52.44%)	130 (57.78%)	137 (60.89%)	126 (56.00%)	143 (63.56%)	153 (68.00%)	45 (20.00%)	91 (40.44%)	225
2. 30代	70 (52.24%)	91 (67.91%)	84 (62.69%)	86 (64.18%)	78 (58.21%)	94 (70.15%)	43 (32.09%)	59 (44.03%)	134
3. 40代	41 (59.42%)	45 (65.22%)	39 (56.52%)	37 (53.62%)	46 (66.67%)	37 (53.62%)	18 (26.09%)	31 (44.93%)	69
4. 50代以上	54 (64.29%)	64 (76.19%)	57 (67.86%)	48 (57.14%)	53 (63.10%)	35 (41.67%)	33 (39.29%)	46 (54.76%)	84
合計	283 (55.27%)	330 (64.45%)	317 (61.91%)	297 (58.01%)	320 (62.50%)	319 (62.30%)	139 (27.15%)	227 (44.34%)	512
カイ2乗値	4.467	10.144*	2.243	3.038	1.684	24.067**	13.763**	5.095	

	*静かな	*大人の	*高級な	*カジュアルな	*開放的な	*温かみのある	*安全な	*楽しい	ケース数
1. 20代以下	107 (47.56%)	125 (55.56%)	104 (46.22%)	61 (27.11%)	99 (44.00%)	136 (60.44%)	119 (52.89%)	124 (55.11%)	225
2. 30代	52 (38.81%)	67 (50.00%)	48 (35.82%)	53 (39.55%)	49 (36.57%)	76 (56.72%)	88 (65.67%)	83 (61.94%)	134
3. 40代	21 (30.43%)	18 (26.09%)	17 (24.64%)	33 (47.83%)	26 (37.68%)	37 (53.62%)	41 (59.42%)	42 (60.87%)	69
4. 50代以上	29 (34.52%)	35 (41.67%)	36 (42.86%)	31 (36.90%)	39 (46.43%)	44 (52.38%)	55 (65.48%)	49 (58.33%)	84
合計	209 (40.82%)	245 (47.85%)	205 (40.04%)	178 (34.77%)	213 (41.60%)	293 (57.23%)	303 (59.18%)	298 (58.20%)	512
カイ2乗値	8.910*	19.985**	11.671**	12.526**	3.173	2.138	7.404	1.856	

図4.27　年代と仮説コード（抽出語）のクロス集計

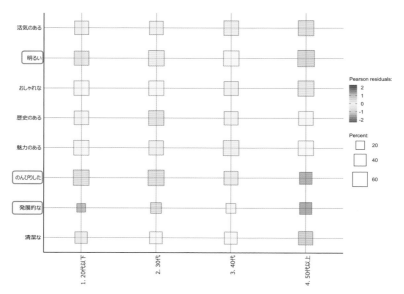

図4.28 年代と仮説コード（抽出語）のバブルプロット A

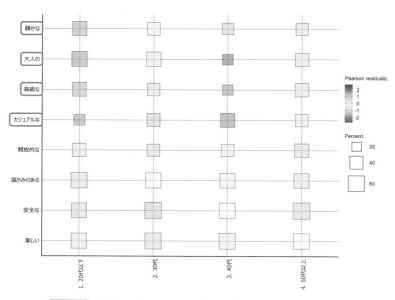

図4.29 年代と仮説コード（抽出語）のバブルプロット B

その点ではバブルプロットの方が有効です．また全体平均（合計欄の値）からの乖離度を表す標準化残差（Pearson residuals）が色の濃さで示され，クロス集計のカイ 2 乗値との対応も感覚的につかめるので，仮説検証という意味で有効な視覚化といえます．

ここまで説明してきた通り，評定尺度データを分析する場面においても，テキストマイニング流の分析は，基本的な集計から仮説検証的な分析までの一連の分析を簡単に，総合的に，しかもすべて可視化しながら進めることができるという点で非常に有効であるといえるでしょう．

4.7 アンケート調査と因子分析に関する参考文献

本書は収集されたデータの分析方法を解説していますが，調査方法や調査票の設計など情報を収集するまでの話には全く触れていません．ガベージイン・ガベージアウト（garbage in, garbage out）といわれる通り，どのように優れた方法とツールを使って分析しようとゴミからはゴミしか得られません．『マーケティング調査入門』（[1]）はマーケティングの分野を中心的なテーマとしていますが，質の高いデータを収集する調査方法を理解するのに役に立ちます．因子分析をはじめとするいろいろな分析手法についても事例を使って概要を説明しています．『原因をさぐる統計学』（[2]）は因子分析をさらに発展させたモデルの話ですが，統計の基礎から因子分析の概論についてもたいへん分かりやすく解説されています．4.3 節で一部引用させていただきました．『経営のための多変量解析法』（[3]）からは，第 2 章と第 3 章でデータを引用させていただきましたが，国内で多変量解析を紹介した最も初期の本の一冊です．第 3 章の数量化Ⅲ類や本章の因子分析についても事例と理論の双方から非常に分かりやすく解説されています．『因子分析』（[4]）は因子分析の理論を詳しく論じている本です．とても難しいですが，もっと因子分析のことを詳しく知りたいという場合に参考になります．ここに挙げた文献はいずれも発行年は新しいとはいえませんがお薦めしたいと思います．

参考文献

［1］ 本多正久，牛澤賢二：『マーケティング調査入門―情報の収集と分析―』，培風館，2007.

［2］ 豊田秀樹，前田忠彦，柳井晴夫：『原因をさぐる統計学―共分散構造分析入門―』，講談社ブルーバックス，1992.

［3］ 本多正久，島田一明：『経営のための多変量解析法』，産業能率大学出版部，1977.

［4］ 柳井晴夫，繁桝算男，前川眞一，市川雅教：『因子分析―その理論と方法―』，朝倉書店，1990.

5 単一回答はまとめて テキストマイニング

複数の単一回答の間の関連分析はクロス集計を組み合わせて行います．ただし，3つ以上の項目間の多重クロス集計の結果を読み解くことはなかなか難しい問題です．本章ではテキストマイニング流の分析によってそのような課題に挑戦してみましょう．また，量的データも適当にカテゴライズすることによって順序尺度のデータに変換できるので，分析の目的によっては本章の方法を適用できる可能性が広がります．

5.1 事例データとテキストマイニング用データ

本章では，第1章で利用した「おそうじロボット調査」のデータを再び利用します．**図5.1** に示した「おそうじロボットの利用回数（Q6）」，使用経験に基づいた「評価（Q11：6項目）」，今後の「普及予想（Q17）」について単一回答の形式で質問した項目をテキストマイニングの対象とします．おそうじロボットの6つの評価項目は，本章では単一回答形式のデータとして扱います．これらの質問に加え，外部変数として性別と年齢を含めて入力した400件のデータの一部を **図5.2** に示します．「利用回数」以下の単一回答のデータは **図5.1** の「カテゴリ no」の数値が入力されています．

テキストマイニング用に作成したデータを **図5.3** に示します．再び2.2節の手順を適用し，「利用回数」から「普及予想」までの項目は **図5.1** の「カテゴリ no」に対応する「カテゴリ2」列の文字列に置き換え，行ごとにすべてのセルを結合します．また「年齢」は再分類して「年代」に変換し，「性別」

Qno	質問文	カテゴリno	カテゴリ	カテゴリno2	カテゴリ2
Q6	「おそうじロボット」の現在の利用回数はどのくらいですか	1	毎日	1	毎日
		2	2〜3日に1回	2	週2_3回
		3	週1回程度	3	週1回
		4	2〜3週間に1回	4	2_3週に1回以下
		5	月に1回		
		6	ほとんど使わない		
Q11-1	「おそうじロボット」の評価をお聞かせください／購入価格	1	非常に満足	1	価格_満足
		2	満足		
		3	やや不満	2	価格_不満
		4	不満		
Q11-2	「おそうじロボット」の評価をお聞かせください／性能	1	非常に満足	1	性能_満足
		2	満足		
		3	やや不満	2	性能_不満
		4	不満		
Q11-3	「おそうじロボット」の評価をお聞かせください／操作性	1	非常に満足	1	操作性_満足
		2	満足		
		3	やや不満	2	操作性_不満
		4	不満		
Q11-4	「おそうじロボット」の評価をお聞かせください／吸引力	1	非常に満足	1	吸引力_満足
		2	満足		
		3	やや不満	2	吸引力_不満
		4	不満		
Q11-5	「おそうじロボット」の評価をお聞かせください／運転音	1	非常に満足	1	運転音_満足
		2	満足		
		3	やや不満	2	運転音_不満
		4	不満		
Q11-6	「おそうじロボット」の評価をお聞かせください／総合的	1	非常に満足	1	総合_満足
		2	満足		
		3	やや不満	2	総合_不満
		4	不満		
Q17	今後、スマートフォンやタブレット端末で操作する「おそうじロボット」は家庭に普及すると思いますか（普及予想）	1	普及する	1	普及する
		2	ある程度普及する		
		3	普及しない	2	普及しない_わからない
		4	わからない		

図5.1 分析対象の単一回答の質問

no	性別	年齢	利用回数	価格	性能	操作性	吸引力	運転音	総合	普及予想
1	2	40	4	2	3	3	3	3	3	2
2	2	43	2	2	2	2	2	3	2	2
3	2	58	2	2	2	2	2	2	2	2
4	2	41	5	2	1	1	2	3	2	3
5	1	29	2	1	1	1	2	2	1	2
6	2	41	3	4	3	4	3	3	3	2
7	2	41	1	3	2	2	3	2	2	2
8	1	50	3						2	2
9	1	34	2	テキストマイニング用のデータは、図5.1の「カテゴリ2」の文字列で置き換える					2	1
10	2	24	2						2	2
11	2	49	4						2	2
12	2	56	3	2	2	2	2	3	2	2
13	1	28	2	3	2	2	2	2	2	2
14	2	42	3	3	2	2	2	4	2	2
15	2	22	5	2	2	2	2	2	2	1
16	2	40	3	2	3	3	3	3	3	2
17	1	62	1	3	3	2	2	2	2	1
18	1	34	6	2	4	2	4	4	3	3
19	1	26	1	3	2	2	2	4	2	1
20	1	46	1	2	3	3	3	4	3	4

図5.2 外部変数を含めた入力データの一部

no	性別	年代	性年代	おそうじロボットの評価など
1	女性	40代	女性40代	2_3週に1回以下,価格_満足,性能_不満,操作性_不満,吸引力_不満,運転音_不満,総合_不満,普及する
2	女性	40代	女性40代	週2_3回,価格_満足,性能_満足,操作性_満足,吸引力_満足,運転音_不満,総合_満足,普及する
3	女性	50代以上	女性50代以上	週2_3回,価格_満足,性能_満足,操作性_満足,吸引力_満足,運転音_満足,総合_満足,普及する
4	女性	40代	女性40代	2_3週に1回以下,価格_満足,性能_満足,操作性_満足,吸引力_満足,運転音_不満,総合_満足,普及しない_わからない
5	男性	20代	男性20代	週2_3回,価格_満足,性能_満足,操作性_満足,吸引力_満足,運転音_満足,総合_満足,普及する
6	女性	40代	女性40代	週1回,価格_不満,性能_不満,操作性_不満,吸引力_不満,運転音_不満,総合_不満,普及する
7	女性	40代	女性40代	毎日,価格_不満,性能_満足,操作性_満足,吸引力_不満,運転音_満足,総合_満足,普及する
8	男性	50代以上	男性50代以上	週1回,価格_満足,性能_不満,操作性_満足,吸引力_満足,運転音_不満,総合_満足,普及する
9	男性	30代	男性30代	週2_3回,価格_不満,性能_満足,操作性_満足,吸引力_満足,運転音_満足,総合_満足,普及する
10	女性	20代	女性20代	週2_3回,価格_満足,性能_満足,操作性_満足,吸引力_不満,運転音_満足,総合_満足,普及する
11	女性	40代	女性40代	2_3週に1回以下,価格_満足,性能_不満,操作性_満足,吸引力_満足,運転音_不満,総合_満足,普及する
12	男性	50代以上	男性50代以上	週1回,価格_満足,性能_満足,操作性_満足,吸引力_満足,運転音_不満,総合_満足,普及する
13	男性	20代	男性20代	週2_3回,価格_不満,性能_満足,操作性_満足,吸引力_満足,運転音_満足,総合_満足,普及する
14	女性	40代	女性40代	週1回,価格_不満,性能_満足,操作性_満足,吸引力_満足,運転音_不満,総合_満足,普及する
15	女性	20代	女性20代	2_3週に1回以下,価格_満足,性能_満足,操作性_満足,吸引力_満足,運転音_満足,総合_満足,普及する
16	女性	40代	女性40代	週1回,価格_満足,性能_不満,操作性_満足,吸引力_不満,運転音_不満,総合_不満,普及する
17	男性	50代以上	男性50代以上	毎日,価格_不満,性能_不満,操作性_満足,吸引力_満足,運転音_不満,総合_満足,普及する

図5.3 テキストマイニング用のデータ

と合わせて「性年代」の項目を追加しました. **図5.4** は KH Coder に読み込んで強制抽出した抽出語リストを確認した画面です. **図5.1** の「カテゴリ2」の 18 個がすべて取り込まれたことが出現頻度とともに確認できます. おそうじロボットが全体的に肯定的に評価され, それがスマートフォンやタブレットで操作するおそうじロボットが普及するという予想につながっているものと思われます.

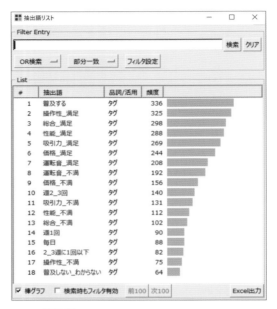

図5.4 入力データ（抽出語）の確認

5.2 単純集計とクロス集計

　テキストマイニング流の分析の前に単純集計やクロス集計によって項目間の関係を調べてみましょう．基本属性に関しては，性別は男性女性とも 200 サンプル，年代は 20 代から 50 代以上までの 4 世代で 100 サンプルずつ割り当てたサンプリングを行っています．**図5.5** は各質問項目に対する回答の単純集計の結果です．利用回数は「週 2, 3 回」の割合が 35% である以外はどれも 20% 程度です．「2, 3 週間に 1 回以下」というおそうじロボットをあまり利用しない家庭も少なくありません．おそうじロボットに対する「総合評価」は「満足」が全体の約 4 分の 3 を占めます．「価格」と「運転音」の満足度評価が 5 ～ 6 割程度とやや低い以外は，「性能」「操作性」「吸引力」は約 7 ～ 8 割と高い満足度評価を得られています．評価に関しては「価格」と「運転音」の 2 項目が高い評価を得られていない点の方に注目すべきかもしれません．スマート

利用回数	n	%
毎日	88	22.0
週2_3回	140	35.0
週1回	90	22.5
2_3週に1回以下	82	20.5

普及予想	n	%
普及する	336	84.0
普及しない/わからない	64	16.0

おそうじロボットの評価　（%）	満足	不満
価格	61.0	39.0
性能	72.0	28.0
操作性	81.3	18.8
吸引力	67.3	32.8
運転音	52.0	48.0
総合	74.5	25.5

図5.5　単純集計

フォンやタブレット端末で操作するおそうじロボットの家庭への「普及予想」に関しては 8 割以上が「普及する」と考えています．「普及しない」と「わからない」を合わせても 2 割に達していません．

　図5.5 の集計対象の単一回答の項目は全部で 8 個あります．すべての組み合わせでクロス集計を行うと結果を読み込むのはたいへんです．この分析における目的の 1 つとして「おそうじロボットに対する評価と利用回数や将来の普及予想がどのように関係するのかを調べたい」ということがあります．そこで 6 つの評価項目を代表する「総合評価」をキーにしたクロス集計の結果を **図5.6** にまとめて示します．クロス集計（a），（b），（d）の右端の「計」はそのカテゴリーに含まれる人数の合計，各セルはそのカテゴリーの回答者のうちその選択肢を選んだ人の割合，最下行の「計」は全回答者の中でその選択肢を選んだ人の割合を示しています．あとの節で外部変数の 1 つとして分析する「性年代」とのクロス集計も含めました（d）．集計対象の項目がたくさんある場合には，このように分析の目的を代表する項目に注目して，その項目を中心にしてまずは傾向を探ってみるのがいいでしょう．表（a）から（d）までのクロス集計を 1 つひとつ検討してみましょう．表（a）をみると総合評価が「満足」の場合は利用回数が多い一方，「不満」の場合は利用回数が少なく「2, 3週に 1 回以下」が約 5 割を占めています．表（b）はスマートフォンやタブレット端末を使ったおそうじロボットの普及予想についての結果ですが，総合評価による違いが大きく，「普及する」と考える割合に約 3 割の差があります．表（c）は総合評価とそれ以外の 5 つの評価項目とのクロス集計を示しています．総合評価が「満足」の場合はほかの 5 項目もすべて「満足」が多くなっています．逆に総合評価が「不満」の場合はほかの 5 項目もすべて「不満」が多く

(a) 総合評価×利用回数

	毎日	週2_3回	週1回	2_3週に1回以下	計
総合_満足	26.5	39.6	23.2	10.7	298
総合_不満	8.8	21.6	20.6	49.0	102
計	22.0	35.0	22.5	20.5	400

(b) 総合評価×普及予想

	普及する	普及しない_わからない	計
総合_満足	90.9	9.1	298
総合_不満	63.7	36.3	102
計	84.0	16.0	400

(c) 総合評価×ほかの評価項目

総合評価	総合_満足 (n=298)		総合_不満 (n=102)	
	満足	不満	満足	不満
価格	65.8	34.2	47.1	52.9
性能	90.6	9.4	17.6	82.4
操作性	94.3	5.7	43.1	56.9
吸引力	82.6	17.4	22.5	77.5
運転音	60.7	39.3	26.5	73.5

(d) 性年代×総合評価

	総合_満足	総合_不満	計
男性20代	80.0	20.0	50
男性30代	82.0	18.0	50
男性40代	74.0	26.0	50
男性50代以上	76.0	24.0	50
女性20代	76.0	24.0	50
女性30代	76.0	24.0	50
女性40代	66.0	34.0	50
女性50代以上	66.0	34.0	50
計	74.5	25.5	400

図5.6 「総合評価」をキーにしたクロス集計

なっています．ただし，総合評価が「満足」でも「価格」と「運転音」の2項目は「不満」と回答する割合も少なくはありません．また総合評価が「不満」でも「価格」と「操作性」については4割を超える「満足」の支持があります．

このように「総合満足」と他の項目との間の相関は全体としては高いものの「価格」「運転音」など傾向の異なる評価項目も存在しています．表(d) は性年代別に総合評価を比較したクロス集計です．性別に比較すると男性は女性に比べて評価が高いことが分かります．また男性女性とも40代未満と40代以上の間で評価に差があることも分かります．若い世代ほど評価が高く，特に男性の30代以下の世代は「満足」が8割を超え，女性の40代以上の世代との差が

約 15% あります.

　以上の通り, 本節ではおそうじロボットに対する総合評価だけに焦点を当て
て検討しましたが, 次節以降ではテキストマイニング流の分析によって全体的
な傾向を可視化しながらまとめて調べてみましょう.

5.3 テキストマイニング流の探索的な分析

　第 3 章と第 4 章のテキストマイニング流の分析の際には, 共起関係あるいは
距離は［Euclid］を使いましたが, 2.5 節で触れたように, テキストマイニン
グでは［Jaccard］が使われることが多いです. 出現頻度の共起関係や距離の
選択に関して開発者の樋口氏は次のように解説しています.

> 　スパースなデータ, すなわち 1 つの文書に含まれる語の数が少なく, それぞ
> れの語が一部の文書にしか含まれていないようなデータでは, 語と語の関連を
> 見るために Jaccard 係数を使用するとよいだろう. Jaccard 係数は語が共起して
> いるかどうかを重視する係数であり, 1 つの文書の中に語が 1 回出現した場合も
> 10 回出現した場合も単に「出現あり」と見なして, 語と語の共起をカウントす
> る.　　　　　　　　　　　　　　　　　（KH Coder マニュアル（［1］）から引用）

　ここでは特に「不満」などの否定的な抽出語（カテゴリー）の出現頻度が少
ない点を考慮して, ［Jaccard］を選択した場合も一緒に見ていきます
（ **図 5.7** ）.

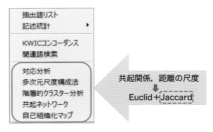

図 5.7　共起関係として Jaccard 係数も含めて検討

　図 5.8 は共起関係を［Euclid］として, また **図 5.9** は［Jaccard］として
描いた共起ネットワークです. どちらのケースもおそうじロボットに対する評

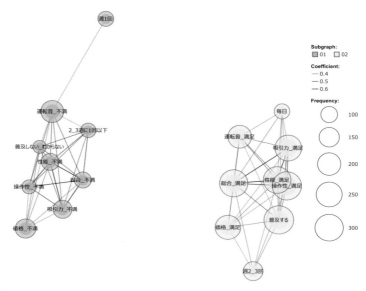

図5.8 共起ネットワーク（共起関係＝Euclid，サブグラフ検出＝random walks）

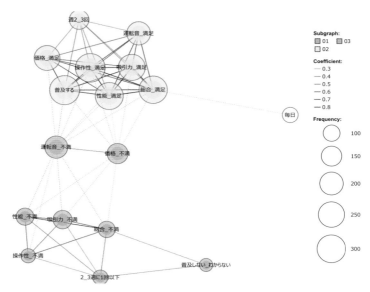

図5.9 共起ネットワーク（共起関係＝Jaccard，サブグラフ検出＝random walks）

価を「満足」とする項目群と「不満」とする項目群が明確に分かれています．また「満足」群には「利用回数」が多く，IT 機器を使ったおそうじロボットが「普及する」と予想する項目など肯定的な項目が一緒に含まれています．当然ながら「不満」群は全く逆の意味の項目群によって構成されます．**図5.9**が **図5.8** と大きく違うところは，以上の 2 つのグループ（Subgraph）とは別に「運転音」と「価格」に関する「不満」がもう 1 つのグループとして分かれている点にあります．これら 2 つの抽出語は「満足」群からも「不満」群からも独立しています．全体的に満足していても「この 2 点だけは違いますよ」という評価がなされています．**図5.6** のクロス集計でもこの傾向に注目しましたが，共起関係を［Jaccard］で描くと，この特徴を可視化することができました．出現頻度に大きな差がある場合にはこのようなパラメータを変更して試行錯誤してみることが重要といえます．

　図5.10 と **図5.11** は距離をそれぞれ［Euclid］，［Jaccard］として描いた階層的クラスター分析です．どちらもクラスター数は指定しないで実行しましたが，結果的には 4 つのクラスターに色分けされました．横軸の非類似度が示す通り，大きく見れば共起ネットワークの場合と同様に「満足」クラスターと「不満」クラスターの 2 つに分離しています．「利用回数」と「普及予想」の項目の配置も共起ネットワークの場合と同じです．また棒グラフから 2 つのクラスターの出現頻度の違いも明瞭です．そして，これら 2 つの大きなクラスターの内部で「価格」と「運転音」に関わる項目が 1 つの小さなクラスターを構成していて，ほかとは異なる評価がなされていることが分かります．

　図5.12 と **図5.13** にクラスター数を 2 と 4 に設定した場合の自己組織化マップを示します．実行時間はいずれも約 15 分を要しました（Windows 10, CORE i5）．クラスター数を 2 とした場合は，「満足」項目群と「利用回数」「普及予想」の関係などが，共起ネットワーク，階層的クラスター分析の結果と全く同じになります．クラスター数を 4 とした場合には，「価格」評価と「普及予想」「利用回数」のクラスターが構成されますが，これらのクラスターに「運転音」に対する評価が含まれなかった点はこれまでの分析結果と異なっています．

　図5.14 と **図5.15** に多次元尺度構成法の図を示します．クラスター数は

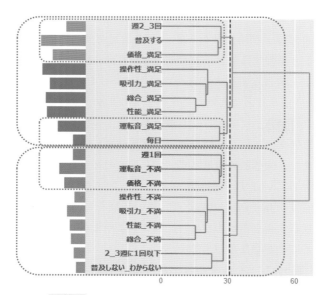

図5.10 階層的クラスター分析（距離 =Euclid）

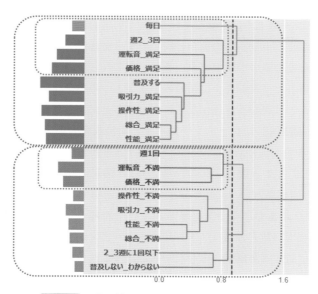

図5.11 階層的クラスター分析（距離 =Jaccard）

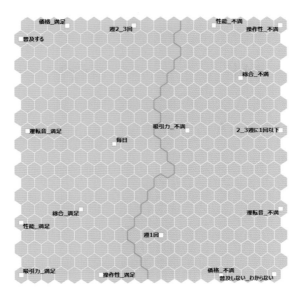

図5.12 自己組織化マップ（クラスター数 =2）

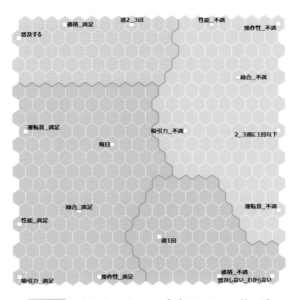

図5.13 自己組織化マップ（クラスター数 =4）

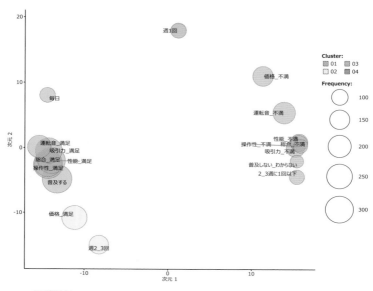

図5.14 多次元尺度構成法（距離 =Euclid, クラスター数 =4）

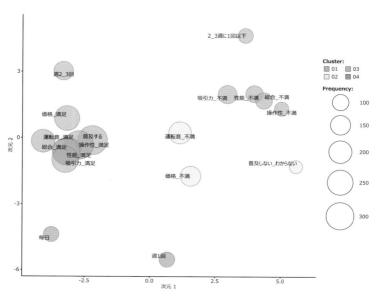

図5.15 多次元尺度構成法（距離 =Jaccard, クラスター数 =4）

4で共通ですが，距離の定義は前者が［Euclid］で後者が［Jaccard］です．多次元尺度構成法の図は目盛り付なのでプロット位置が重要であることを既に述べました（1.6節）．この点に注意して図を見ると，どちらの図も第1軸（横軸）で「満足」クラスターと「不満」クラスターがはっきりと分離していることが分かります．「利用回数」と「普及予想」の項目もこれまでの分析結果と同じ位置関係にあります．**図5.15** の［Jaccard］基準による場合は「運転音」と「価格」の「不満」がこれまでと同様に1つの独立したクラスターを構成しています．**図5.14** の［Euclid］基準の場合も第2軸上では「価格」はほかの評価項目と距離的に少し離れています．また「利用回数」の「週1回」は2群から等距離にありますが，この点は **図5.6** のクロス集計結果でも確認できます．

　以上の通り，テキストマイニング流の分析によりたくさんのクロス集計の結果を可視化・集約でき，全体的な傾向も項目間の微妙な関係も含めてグラフ1

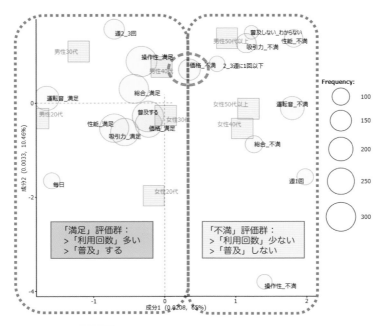

図5.16　性年代と抽出語の対応分析

枚に表せることが分かりました.

　次に外部変数と抽出語間の関係を分析してみましょう. 図5.16 に性年代と抽出語の対応分析を示します. 全情報の65％を占める第1軸（横軸）では,左側に「満足」群の抽出語と関連する「利用回数」と「普及予想」の抽出語が,右側には「不満」群に関連する抽出語が配置されています. そして,それぞれの抽出語と性年代の8つのカテゴリーとの関連性を読み取れます. たとえば女性の40代,50代以上と男性の50代以上は「不満」群に近く,そのほかの性年代のカテゴリーは「満足」群に近い位置に配置されています. 特に男性の20代と30代は「満足」群の近くにプロットされています. 全体的に不満が少ないということを表しています. 不満の中では「価格＿不満」が中間的な位置にあります. また,第2軸（縦軸）は情報の大きさは第1軸に比べて10％と小さいですが,男女間の評価の違いを表しているようです. 具体的にどの性年代のカテゴリーとどの評価項目（抽出語）が近いかということを確認するために,この図と 図5.17 に示した性年代と「不満」項目のクロス集計とを見比べてみましょう. 全体的に最も不満が多い「運転音」は実は最もレンジが大きく性年代間の差が大きいことを示していますが,女性の40代と50代以上,男性の50代以上は60％を超え,一方,男性の20代と30代では満足と考える割合が高いことを示しています. この特徴が対応分析の第1軸に現れています. つぎに不満の多い「価格」は,「運転音」と異なり最もレンジが小さく性年代間の差が小さいことを示しています. このことは対応分析で「価格＿不満」が中間的な位置にあることと対応しています. 図5.15 までの抽出語だけ

性年代	価格＿不満	性能＿不満	操作性＿不満	吸引力＿不満	運転音＿不満	総合＿不満	計
男性20代	34.0	10.0	14.0	20.0	24.0	20.0	50
男性30代	44.0	26.0	8.0	28.0	34.0	18.0	50
男性40代	36.0	30.0	16.0	36.0	42.0	26.0	50
男性50代以上	40.0	34.0	16.0	44.0	62.0	24.0	50
女性20代	34.0	24.0	26.0	30.0	48.0	24.0	50
女性30代	36.0	28.0	22.0	34.0	54.0	24.0	50
女性40代	46.0	32.0	20.0	38.0	60.0	34.0	50
女性50代以上	42.0	40.0	28.0	32.0	60.0	34.0	50
計	39.0	28.0	18.8	32.8	48.0	25.5	400
レンジ	12.0	30.0	20.0	24.0	38.0	16.0	

図5.17 性年代別「不満」の割合

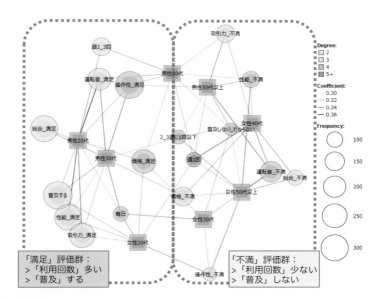

図5.18 性年代と抽出語の共起ネットワーク（共起関係 =Euclid）

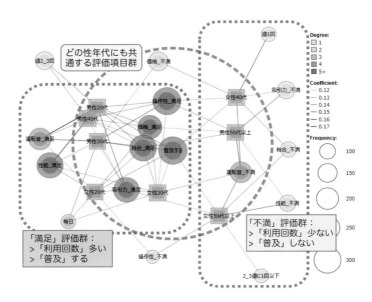

図5.19 性年代と抽出語の共起ネットワーク（共起関係 =Jaccard）

のテキストマイニングでは，「運転音」と「価格」の不満はほかの不満からは独立した位置にありましたが，性年代別に見るとまた別の特徴が見えてきました．対応分析とクロス集計からほかの抽出語と性年代との関係も比較・観察してみてください．ここでもいくつものクロス集計が表す傾向を 1 枚の図の中に可視化できることが分かります．

　図5.18 と 図5.19 は共起関係を変えて実行した性年代と抽出語の共起ネットワークです．共起関係を [Euclid] として実行した 図5.18 が表す傾向は，基本的に 図5.17 の対応分析の結果と同じです．ただし，女性 30 代が「不満」側に寄っているところが相違点です．この図の場合，左側の「満足」群の中心に男性の 20 代，30 代が位置づけられており，女性 30 代はこの 2 つの性年代からは差があるため「不満」側に近くなったと考えられます．図5.17 のクロス集計でこの点を確認できます．共起関係を [Jaccard] として実行した 図5.19 の共起ネットワークも基本的には 図5.16 ，図5.18 と同じ構造をしています．左側には「満足」に関連する項目群，右側には「不満」に関連する項目群が配置されています．性年代との関係性もほぼ同じです．ただし，ほぼ中央の位置にどの性年代にも共通の評価項目群が配置されている点では 図5.16 ，図5.18 とは異なる印象を受けます．5.2 節の単純集計やクロス集計は，おそうじロボットに対する評価は全体的には非常に肯定的であることを示していましたが，図5.19 はこの点をよく反映しているように見えます．

　以上の通り，外部変数と抽出語の関係を検討する場合にもテキストマイニング流の可視化による分析はたいへん有効であることが分かります．単純集計やクロス集計の数値による情報と改めて比較してみることも忘れないでください．

5.4　テキストマイニング流の仮説検証的な分析

　テキストマイニング流の探索的な分析によって，おそうじロボットに関する評価項目は「満足」群と「不満」群にほぼ分けられ，性年代との関係性についても明らかになりました．ここでは「不満」側に焦点を当て，外部変数として

性年代に加えて性別と年代も含めて仮説検証的な分析を試みます. そこからおそうじロボットに対する「不満」の構造を可視化してみましょう.

図5.20 に示した仮説コードでいろいろ検証してみます. 最後の仮説コード「不満総括」はおそうじロボットの6つの評価項目を1つにまとめたものです. また「利用回数」は少ない方の2つを1つにまとめました. そのほかのコードはすべて抽出語1つに対して1つの仮説コードを割り当てています.

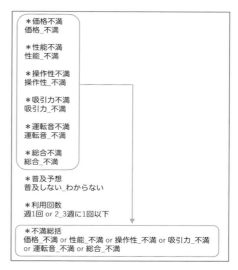

図5.20 「不満」を検証するための仮説コード

図5.21 は3つの外部変数と仮説コードのクロス集計の結果です. 有意差が見られるコードは, 性別では「操作性」「運転音」の2つと, 年代別では「性能」「運転音」「利用回数」「不満総括」の4つ, そして性年代別では「運転音」「利用回数」「不満総括」の3つです. 共通しているのは「運転音」に対する不満であり, これがおそうじロボットの最も大きな不満の原因ということを表しています. また網がけした部分から女性の年代の高い層に不満が多いことも分かります.

図5.22 〜 図5.24 は各々のクロス集計に対応するバブルプロットです. 図5.22 の性別のバブルプロットからは, 女性では統計的に差のある「操作性」「運転音」だけではなしに全体的に不満が多いことが読み取れます. 図5.23 の年代別のバブルプロットからは, 40代, 50代以上では統計的に差のある「性能」「運転音」「利用回数」「不満総括」だけではなしに否定的な評価が多いことが読み取れます. また 図5.24 の性年代別のバブルプロットからは, 女性の40代と50代以上, 男性の50代以上におそうじロボットに対する否定的な評価が多いことが分かります. 逆に男性の20代と30代は否定的な

	*価格不満	*性能不満	*操作性不満	*吸引力不満	*運転音不満	*総合不満	*普及予想	*利用回数	*不満総括	ケース数
女性	79 (39.50%)	62 (31.00%)	48 (24.00%)	67 (33.50%)	111 (55.50%)	58 (29.00%)	33 (16.50%)	95 (47.50%)	156 (78.00%)	200
男性	77 (38.50%)	50 (25.00%)	27 (13.50%)	64 (32.00%)	81 (40.50%)	44 (22.00%)	31 (15.50%)	77 (38.50%)	138 (69.00%)	200
合計	156 (39.00%)	112 (28.00%)	75 (18.75%)	131 (32.75%)	192 (48.00%)	102 (25.50%)	64 (16.00%)	172 (43.00%)	294 (73.50%)	400
カイ2乗値	0.011	1.5	6.564*	0.045	8.423**	2.224	0.019	2.948	3.709	

	*価格不満	*性能不満	*操作性不満	*吸引力不満	*運転音不満	*総合不満	*普及予想	*利用回数	*不満総括	ケース数
20代	34 (34.00%)	17 (17.00%)	20 (20.00%)	25 (25.00%)	36 (36.00%)	22 (22.00%)	12 (12.00%)	37 (37.00%)	65 (65.00%)	100
30代	40 (40.00%)	27 (27.00%)	15 (15.00%)	31 (31.00%)	44 (44.00%)	21 (21.00%)	15 (15.00%)	33 (33.00%)	68 (68.00%)	100
40代	41 (41.00%)	31 (31.00%)	18 (18.00%)	37 (37.00%)	51 (51.00%)	30 (30.00%)	17 (17.00%)	51 (51.00%)	79 (79.00%)	100
50代以上	41 (41.00%)	37 (37.00%)	22 (22.00%)	38 (38.00%)	61 (61.00%)	29 (29.00%)	20 (20.00%)	51 (51.00%)	82 (82.00%)	100
合計	156 (39.00%)	112 (28.00%)	75 (18.75%)	131 (32.75%)	192 (48.00%)	102 (25.50%)	64 (16.00%)	172 (43.00%)	294 (73.50%)	400
カイ2乗値	1.429	10.516*	1.756	4.938	13.542**	3.422	2.53	10.771*	10.525*	

	*価格不満	*性能不満	*操作性不満	*吸引力不満	*運転音不満	*総合不満	*普及予想	*利用回数	*不満総括	ケース数
女性20代	17 (34.00%)	12 (24.00%)	13 (26.00%)	15 (30.00%)	24 (48.00%)	12 (24.00%)	6 (12.00%)	21 (42.00%)	36 (72.00%)	50
女性30代	18 (36.00%)	14 (28.00%)	11 (22.00%)	17 (34.00%)	27 (54.00%)	12 (24.00%)	10 (20.00%)	17 (34.00%)	36 (72.00%)	50
女性40代	23 (46.00%)	16 (32.00%)	10 (20.00%)	19 (38.00%)	30 (60.00%)	17 (34.00%)	8 (16.00%)	30 (60.00%)	43 (86.00%)	50
女性50代以上	21 (42.00%)	20 (40.00%)	14 (28.00%)	16 (32.00%)	30 (60.00%)	17 (34.00%)	9 (18.00%)	27 (54.00%)	41 (82.00%)	50
男性20代	17 (34.00%)	5 (10.00%)	7 (14.00%)	10 (20.00%)	12 (24.00%)	10 (20.00%)	6 (12.00%)	16 (32.00%)	29 (58.00%)	50
男性30代	22 (44.00%)	13 (26.00%)	4 (8.00%)	14 (28.00%)	17 (34.00%)	9 (18.00%)	5 (10.00%)	16 (32.00%)	32 (64.00%)	50
男性40代	18 (36.00%)	15 (30.00%)	8 (16.00%)	18 (36.00%)	21 (42.00%)	13 (26.00%)	9 (18.00%)	21 (42.00%)	36 (72.00%)	50
男性50代以上	20 (40.00%)	17 (34.00%)	8 (16.00%)	22 (44.00%)	31 (62.00%)	12 (24.00%)	11 (22.00%)	24 (48.00%)	41 (82.00%)	50
合計	156 (39.00%)	112 (28.00%)	75 (18.75%)	131 (32.75%)	192 (48.00%)	102 (25.50%)	64 (16.00%)	172 (43.00%)	294 (73.50%)	400
カイ2乗値	3.195	13.492	9.961	8.161	26.603**	6.264	4.762	15.504*	16.378*	

図5.21 3つの外部変数と仮説コードのクロス集計

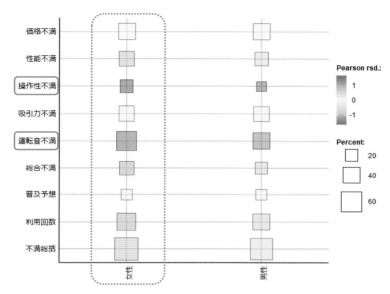

図5.22 性別と仮説コードのバブルプロット

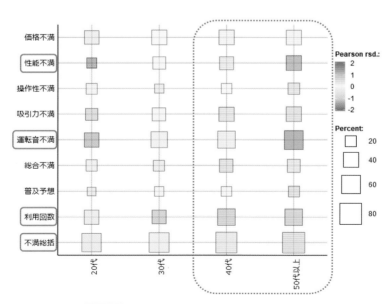

図5.23 年代と仮説コードのバブルプロット

評価が全体的に少ないことも分かります．このようにバブルプロットによる可視化からは項目ごとの特徴とともに全体的な傾向も把握することができます．

　図5.25 に示すパラメータ設定によって性年代と仮説コードの共起ネットワークを描いてみました（ **図5.26** ）．線による項目間のつながりや太さから性年代によるおそうじロボットに対する不満の構造が一目瞭然になります．「運転音」「操作性」はいくつもの性年代から不満を感じられています．女性の50代以上は不満に感じている項目が多いようです．男性の20代にも不満はありますがその程度は強くはありません．このように可視化することによって，性年代側から見えてくる特徴と仮説コード側から見えてくる特徴を俯瞰して把握でき，全体的な傾向をよく理解することができます．

　ここでは「不満」側から検討してみましたが，「満足」側からの分析は読者自ら試みてください．その際，各可視化の技法についてはパラメータをいろいろ変えて実行してみてください．「不満」の場合とは正反対の結果になると思います．

　本章では単一回答だけをまとめてテキストマイニングする方法について説明

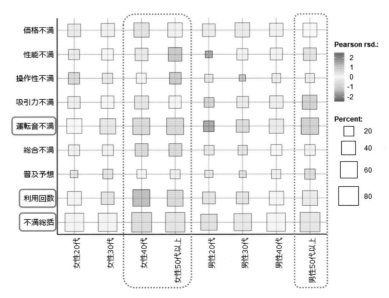

図5.24　性年代と仮説コードのバブルプロット

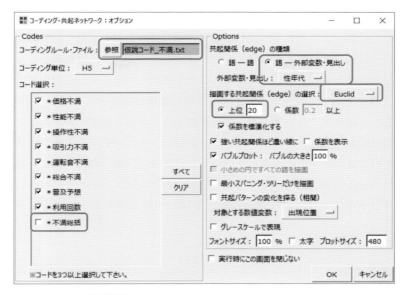

図5.25 共起ネットワークのパラメータ設定

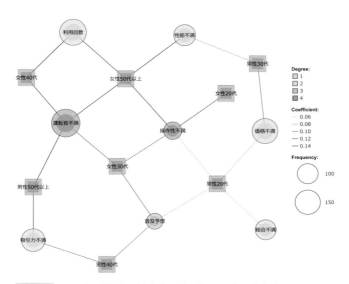

図5.26 不満の構造：性年代と仮説コードの共起ネットワーク

してきましたが，複数回答などのほかの回答形式と一緒に分析しても問題があるわけではありません．その方がむしろ自然です．ただし，単一回答の回答カテゴリーは互いに排他的なので，1つの質問内のカテゴリー数が多くなると全体としてのまとまりが悪くなる可能性はあります．本章の事例において「利用回数」のカテゴリー数は4ですが，それ以外は2つに併合して分析しました．このことが最終的に分かりやすい結果を導いたともいえます．性年代などの外部変数はそもそも単一回答の変数です．質問項目を外部化できる場合はそのような分析の方が傾向をつかみやすいかもしれません．逆に外部変数を内部化する（抽出語として分析する）とどのような結果になるでしょう．いろいろなケースでテキストマイニング流の分析を試してみるのも楽しいかもしれません．

 参考文献 ────────────────────────

[1] 樋口耕一：『社会調査のための計量テキスト分析—内容分析の継承と発展を目指して』，ナカニシヤ出版，2014.1（初版），2020.4（第2版）.

6 テキストマイニング流分析を用いた社会調査

ここまでの章では，テキストマイニングの考え方と KH Coder を利用する実践的な説明を展開してきました．また，評定尺度データをテキストデータに置き換えることで可能となる「テキストマイニング流分析」について提唱し，その使い方を解説しました．本章では，こういった分析手法が実際の社会調査でどのように使われているかを解説したいと思います．

6.1 社会調査と研究方法

　社会調査とは，人々の認識や感情，行動などの社会における実態を捉えるデータ収集を行い，分析することから社会の動向や問題とされる事象を明らかにする手法のことで，その進め方には大きく2つの研究方法があります．量的調査（統計的調査）は，心理学系，社会科学系，経済学系の研究や調査で得られたデータを，数学的な統計手法を用いて解析し，確率論的な有意水準からその可能性を検証する研究方法です．これに対して，事例研究に代表されるテキストデータ（インタビュー記録，記述記録など）を解析する研究方法が質的調査（記述的調査）です．テキストマイニング流分析は，量的調査のデータに質的調査手法を織り交ぜて考察する研究方法になります．したがって本章では，一元的な質と量の区分けを意識せずに解説したいと思います．

6.2 **社会調査の枠組みを作る**

■6.2.1　調査の目的を明確にする

　ここからは，実際に行われた社会調査の事例として「NEDO プロジェクト
におけるアウトカム指標を用いた成否分析に関する調査」（以降，「本調査」と
いう）に基づき解説していきます．

　本調査では，NEDO（国立研究開発法人新エネルギー・産業技術総合開発機
構）の取り組みから生み出された研究開発成果がコア技術として活用された製
品・プロセスなどについて，その成果（アウトカム）が社会的な便益（国益）
に貢献できているかという視点から評価することを目的としています．具体的
には，「イノベーションの先に目指すべき『豊かな未来』」（[1]）を参考に，
well-being（たとえば，幸福感，信頼感，心理的安全など），社会的な仕組み
の構築（たとえば，市場の創出，ビジネスモデル，標準・規格，法令など）を
含む，新たなアウトカムの概念創出と指標化を行い，それを用いた分析結果か
ら NEDO の取り組みの成否評価につなげることを目的にしています．

コラム 1　目的を明確化するために

　社会調査を行う際，まずは先行研究・調査のレビューを行います．その後に，
自分が何をどのように明らかにするかを決める，これが目的を明確にすること
です．この「何を」が「調査目的」，「どのように」が「調査計画」と言い換え
ることができます．調査目的を明確にする際には，4 つの視点（PECO）から構
造化するとよいとされます（[2]）．PECO とは，「誰を対象に（patients）」，「ど
んな要因を取り上げ（exposure）」，「何と比較し（comparison）」，「何を従属変
数にするのか（outcomes）」の頭文字を取ったものです．たとえば，「科学技術
の開発成果に対する充実感が高いほど，人の幸福感は高くなる」という調査を
考えると，調査への参加者のうち（P），科学技術の開発成果に対する充実感が
高い人は（E），科学技術の開発成果に対する充実感が低い人と比べて（C），幸
福感が高い（O）と構造化できます．このように調査目的を構造化することから
調査全体の枠組みが出来上がり，これから行う調査における仮説を明確化でき
ます．

コラム2　科学技術の開発成果と幸福感

　近年めざましい発展を遂げた科学技術は，間違いなく我々の生活を豊かに，便利に変えてきました．ただ必ずしも科学技術の開発成果が人の幸福感につながっているかの確認はできておらず，社会にどのような影響を及ぼしているのかは多次元的に評価していく必要があります．たとえば太陽光発電は，発電自体には CO_2 排出もないことから環境に優しい電気エネルギー源と見なされ，最も有効な再生可能エネルギーとして実用化されています．2023 年においても継続的な研究開発が行われています（[3, 4]）．現状の太陽光発電は発電技術として拡張期にあり，世界中で実用化が広がっていますが，近年においては森林伐採や景観破壊など，いくつかの問題が指摘されています．こういった問題の背景には，急速に進歩する科学技術に対して，人類は利便性，快適さ，安全性を優先しすぎた歴史があり，well-being への配慮が十分にできていなかったことが指摘されています（[5, 6]）．これまでの科学技術の開発成果は人の幸せにつながっているのか，こういった科学技術への懐疑的な意見はこれまでにいくつかあります（[7]）．ただこれを定量的に評価することは難しいとされ，これまでに十分な報告は見あたりません．

■6.2.2　アンケート内容を具体化する

アンケート項目は調査を進める上での「尺度」とも呼ばれます．

本調査では NEDO の開発成果がコア技術として活用された製品から代表的な事例として，「太陽光発電」「社会インフラの維持管理技術（以降，「社会インフラ」という）」「半導体」「エコキュート」「光触媒」の5事例（以降，「NEDO 開発成果5事例」という）を抽出し，それらが社会的な便益（国益）に貢献できているかを，新規の尺度と既存の尺度を織り交ぜたアンケートを実施し評価しました．

「イノベーションの先に目指すべき『豊かな未来』」を参考に新規の尺度（以降，「新規尺度」という）が作成され，幸福研究に関わる先行研究から既存の尺度（以降，「既存尺度」という）が引用され，導き出したい関係性に基づきアンケートの質問項目が組み立てられています．

尺度は複数の項目からなり，個々の項目は5段階（選択肢に対しての肯定度からの5件法）で評価しました．

a. 豊かな未来の実現に向けたイノベーション活動の方向性とその尺度作成（新規尺度）

新規尺度は，「イノベーションの先に目指すべき『豊かな未来』」で示されている，大切にすべき 6 つの価値軸と，実現すべき 12 の社会像の指標に沿って作成されています（[1]）．アンケート内容に相当する個別の新規尺度を **図6.1** に示します．「豊かな未来」の実現に向けた 6 つの価値軸では，価値軸ごとに

5つの事例：
1. 太陽光発電
2. 社会インフラの維持管理
3. 半導体（MIRAIプロジェクト）
4. エコキュート（ヒートポンプ）
5. 光触媒
に対して，30 項目にわたり質問した．（先行調査を参考にアンケート内容を作成）

30項目の質問は，先行調査を参考に以下の6つの価値軸からまとめている．各軸ごとに5つの尺度を作成した：
◎Q3_a1〜a5：持続可能な自然共生社会の実現
◎Q3_b1〜b5：強靭で快適な社会基盤の実現
◎Q3_c1〜c5：持続可能な経済成長の実現
◎Q3_d1〜d5：安全・安心な国の実現
◎Q3_e1〜e5：健康で安定な生活の実現
◎Q3_f1〜f5：自分らしい生き方の実現

◎ アウトカム指標30項目　（5段階評価）

項目	内容
Q3_a1	エネルギーの地産地消につながっている
Q3_a2	自然の恵みを将来にわたって享受できる社会につながっている
Q3_a3	環境負荷軽減につながっている
Q3_a4	地球温暖化の防止につながっている
Q3_a5	持続可能なエネルギー社会につながっている
Q3_b1	一極集中を緩和できる社会につながっている
Q3_b2	活気ある地域社会の構築につながっている
Q3_b3	強靭なインフラ整備・再構築につながっている
Q3_b4	様々なデータを活用できる社会につながっている
Q3_b5	自然災害を抑制できる社会につながっている
Q3_c1	大量生産・大量消費からの脱却につながっている
Q3_c2	生産性の向上につながっている
Q3_c3	適切な収益を維持できる産業構造につながっている
Q3_c4	世代交代が適切に機能する産業構造につながっている
Q3_c5	リサイクルを前提にした産業構造につながっている
Q3_d1	行きたい場所に安全に移動できる社会につながっている
Q3_d2	紛争やテロ行為などが無い社会につながっている
Q3_d3	個人の主張を自由に発言することができる社会につながっている
Q3_d4	個人情報が保護される社会につながっている
Q3_d5	行政に対するガバナンスが有効な社会につながっている
Q3_e1	適切な医療を受けられる社会につながっている
Q3_e2	適切な介護支援が受けられる社会につながっている
Q3_e3	食料が安定して供給される社会につながっている
Q3_e4	感染症や病気が適切に予防できる社会につながっている
Q3_e5	必要とする教育が受けられる社会につながっている
Q3_f1	生活の質（QOL）の向上につながっている
Q3_f2	能力を発揮できる社会につながっている
Q3_f3	精神的苦痛からの解放につながっている
Q3_f4	一定水準の生活ができる収入が得られる社会につながっている
Q3_f5	個性が尊重される社会につながっている

図6.1　豊かな未来の実現に向けたイノベーション活動を後押しする指数を測る尺度としての 6 つの価値軸（新規尺度）

5 項目，合計 30 項目の設問を尺度として作成されています．

b. 幸福研究最前線からの尺度引用（既存尺度）

幸福感に関しては数々の研究成果があり，あえて新しい尺度を作る必要は無いため，既存尺度が用いられています．幸福感を測る尺度として本調査で用いた既存尺度を **図6.2** に示します．本調査では，NEDO 開発成果 5 事例と協調的幸福尺度（[8，9]）との関連を考察しました（[10，11]）．

協調的幸福尺度を傍証する意味では，内閣府の調査で用いられている「生活満足度」と言われる尺度があるので，併せて使用されています（[12，13]）．

◎ 科学技術の与える影響 （5段階評価）

Q4_1	現在の科学技術全般における発展は、あなた個人の生活の質に良い影響を与えている
Q4_2	現在の科学技術全般における発展は、あなたのお住まいの地域に良い影響を与えている
Q4_3	現在の科学技術全般における発展は、社会に良い影響を与えている

◎ 科学技術への興味・関心 （5段階評価）

Q5_1	私は科学技術について興味関心がある方だ
Q5_2	私は科学技術については懐疑的な態度を持っている
Q5_3	私は新しい科学技術を学ぶことが好きだ

◎ 協調的幸福尺度 （相対的満足意識：5段階評価）　日本人の幸福感を表す（心理学的尺度）

Q6_1	自分だけでなく、身近なまわりの人も楽しい気持ちでいると思う
Q6_2	周りの人に認められていると感じる
Q6_3	大切な人を幸せにしていると思う
Q6_4	平凡だが安定した日々を過ごしている
Q6_5	大きな悩み事はない
Q6_6	人に迷惑をかけずに自分のやりたいことができている
Q6_7	まわりの人たちと同じくらい幸せだと思う
Q6_8	まわりの人並みの生活は手に入れている自信がある
Q6_9	まわりの人たちと同じくらい、それなりにうまくいっている

◎ 生活満足度評価 （0〜10点）　幸福感を表す（社会学的尺度）

Q7.	あなたは全体として現在の生活にどの程度満足していますか 「全く満足していない」を0点、「非常に満足している」を 10 点とすると、何点くらいになると思いますか

図6.2 日本人的な幸福感としての協調的幸福尺度（既存尺度）と生活満足度評価，科学技術への関心度評価

生活満足度は社会学の視点で用いられる幸福尺度であり，心理学的な尺度と言われる協調的幸福尺度との併用から，幸福感を心理学的な視点と社会学的な視点から対比して考察できます．併せて，NEDO 開発成果 5 事例に対する個別の肯定感と総括して NEDO の取り組み全般に対する肯定感を検証することで，NEDO の取り組みが肯定感をもって捉えられているか，その確認を個人の生活の質・地域・社会に分けて行っています．

コラム3　幸福感について

　人が持続的（一時的な幸せは，逆に不安につながる場合もある）に幸せに生きることを科学的に追究した結果として well-being という概念が見いだされました．幸福感の難しいところは，個人差や文化差，年代差が複雑に絡み合うところです．個人主義で楽観的と言われる欧米人に対して，日本人の幸福感には一体感や集団意識が深く関わるとの指摘があります．そのため，欧米諸国とは異なるアジアンライクな協調的幸福尺度（Interdependent Happiness Scale：IHS）が日本人特有の幸福感に整合することが示されています（[8]）．分かりやすい一般向け書籍も出版されているので（[9]），日本人特有の幸福感についてご興味があればお読みください．

c. 属性情報の取得

　アンケート構成を考える際の留意点として，属性を採ることを忘れないようにします（ **図6.3** ）．属性とは，①性別，②年齢，③職業，④職種，⑤学歴，⑥居住地などです．これらは分析を進める上での統制群になり，外部変数として機能します．同じ母集団として統計的に考察するのか（等値制約），そうではなくて別の母集団として分けて取り扱うか（多母集団）を見分けるポイントにもなり，データの傾向や特徴を明らかにしたい場合の基本情報をもたらします．

　それでは次節から，実際に本調査のアンケート結果を分析し，そこから分かる事象を抽出して，目的とする考察につなげていく手順を説明します．

◎ フェース項目

		回答者の属性を聞く質問
F1.	あなたの年代を教えてください	
F2-1.	あなたの性別を教えてください	
F2-2.	あなたの世帯構成を教えてください	
F3.	あなたのお住まいの都道府県を教えてください	
F4.	あなたの最終学歴を教えてください	
F4-1.	あなたの職業を教えてください	
F4-3.	あなたの役職を教えてください	
F5-1.	あなたの職種を教えてください	
F5-2.	F5で回答した職種のうち、あなたの職種としてあてはまるものをお選びください	
F5-3.	あなたの世帯年収はどのくらいですか。1つお選びください	

◎ 関わりの有無に再分類

		個々の事例に対する回答者の関わりの有無を聞く質問
Q1.	あなたの関わりについて、あてはまるものをすべてお選びください	

◎ 生活，地域，社会への影響（5段階評価）

		個々の事例に対する全般的なイメージをミクロ，メゾ，マクロな視点から聞く質問
Q2-1.	あなた個人の生活の質に与えた影響について、あなたのお考えにもっとも近いものを1つお選びください	
Q2-2.	あなたのお住まいの地域に与えた影響について、あなたのお考えにもっとも近いものを1つお選びください	
Q2-3.	社会に与えた影響について、あなたのお考えにもっとも近いものを1つお選びください	

図6.3　アンケート構成での留意点（属性情報）

6.3　社会調査を実践する

■6.3.1　分析手法を選択する

　本調査では，NEDO 開発成果 5 事例を取り上げ，事例ごとに 1000 サンプルを取得しました．

調査事例 1：太陽光発電

　（実施期間：1981〜2015 年，期間中の費用額：2430 億円）

調査事例 2：社会インフラ

　（実施期間：2014〜2018 年，期間中の費用額：80 億円）

調査事例 3：半導体

（MIRAI プロジェクト[*1)]として　実施期間：2001〜2010 年，期間中の費用額：465 億円）

調査事例 4：エコキュート

（ヒートポンプのプロジェクトとして　実施期間：1984〜2013 年，期間中の費用額：226 億円）

調査事例 5：光触媒

（実施期間：2007〜2012 年，期間中の費用額：47 億円）

　ここで示した NEDO 開発成果 5 事例は，NEDO の開発成果がコア技術として活用された製品から，既に世に広まっており，多くの人が享受している製品，アンケート調査として回答しやすいと考えられる製品であることを理由に選定しました（[15]）．これら事例ごとに肯定的な回答をアンケート調査して，個別事例ごとと全事例をまとめた総括的な集計から，狙いとする仮説検証ができるかを確認しました．

　データの大まかな傾向を確認する方法としては，単純集計から考察することが有効であり，全体を俯瞰的に眺めてから個別に詳細確認したい部分に的を絞り込みます．詳細な分析には，数値データの分析としては因子分析や主成分分析を，テキストの分析としては数量化Ⅲ類やコレスポンデンス分析（対応分析）などを使う場合が多く，本調査でもこれらを適宜織り交ぜて評価しています．

　本音を言うと，分析を始める段階では「最適な分析方法はこれ！」と言いきれない場合がほとんどです．全体像をクロス分析から眺めつつ，見いだしたい部分の目星を付けた後に，よく使われる分析手法で詳細に調査を進める場合が多いようです．本書で提案している評定尺度を用いたテキストマイニング流の分析も織り交ぜ，定量分析と定性分析を駆使する手法がどのように本調査の中で使われているかを紹介したいと思います．

　分析手法の選択，進め方は以下の通りです．

　①単純集計からデータのおおよその全体傾向を探る．

　②単純集計から目的に応じた狙いの部分に目星を付ける．

＊1)　2001 年から開始された次世代半導体（微細加工）に関わる国家プロジェクト（[14]）．

③一般的によく使われる分析手法を用いてデータの深掘りを行う.

■6.3.2　調査結果を俯瞰的に分析する

単純集計から，まずは全体を俯瞰的に観察してみます．**図6.4** は5つの事例について豊かな未来の実現に向けたイノベーション活動を後押しする指数の尺度をクロス集計した結果です.

俯瞰的に眺めると，まず目につくこととして，「どちらともいえない」の回答がざっくり全体の半分くらいあることが分かります．この結果は，良い意味で捉えると回答者が正直に答えてくれていることを示します．他方，悪い意味で捉えると有効データは多くて半分程度しか得られておらず，このままままだと概ねなんとも言えない，意味の無い調査結果になってしまいます．そこでこの「どちらともいえない」の回答を活かすべく，大きなくくりを作ります.

「非常にあてはまる」「ややあてはまる」を肯定的回答，「全くあてはまらない」「あまりあてはまらない」「どちらともいえない」を非肯定的回答とします．否定的回答でまとめないことで「どちらともいえない」を意味のあるデータとして活用できます．これによって肯定度の比率変化を捉えやすくするように配慮します.

図6.5 はこういった発想のまとめ方を適用して **図6.4** を編集しています．調査したい肯定度を視覚的に分かりやすく表記できていることがお分かりいただけると思います．この分かりやすい表記に変更してから，NEDO 開発成果5事例全体を俯瞰的に眺めてみます．高い肯定度（40%以上の肯定度）を得られている項目は「持続可能なエネルギー社会につながっている」が42.8%，「生活の質（QOL）の向上につながっている」が41.9%になっており，その他の項目は特に目立った傾向がありません.

次に事例ごとにまとめ直すと，NEDO 開発成果5事例をまとめた場合とは違った見え方になります．**図6.6** は太陽光発電に限定した5段階評価の結果です．同様に肯定的回答と非肯定的回答でまとめ直した結果が **図6.7** です．**図6.5** と **図6.7** を比べてみると，傾向に明らかな違いを確認できます．**図6.7** は【持続可能な自然共生世界の実現】に関わる5つの尺度項目が他の尺度項目よりも総じて高い肯定度が得られている反面，「生活の質（QOL）の

全サンプル：Q3

非肯定的　　肯定的

■全くあてはまらない　■あまりあてはまらない　どちらともいえない　ややあてはまる　■非常にあてはまる

項目	全くあてはまらない	あまりあてはまらない	どちらともいえない	ややあてはまる	非常にあてはまる
エネルギーの地産地消につながっている	4.0	10.3	51.7	27.3	6.8
自然の恵みを将来にわたって享受できる社会につながっている	3.9	10.5	54.1	25.5	5.9
環境負荷軽減につながっている	3.3	9.5	47.2	31.1	8.8
地球温暖化の防止につながっている	4.2	10.8	49.4	28.3	7.3
持続可能なエネルギー社会につながっている	3.3	8.8	45.1	33.6	9.2
一極集中を緩和できる社会につながっている	6.2	13.5	58.2	18.6	3.5
活気ある地域社会の構築につながっている	4.9	11.1	54.8	24.0	5.3
強靭なインフラ整備・再構築できる社会につながっている	4.2	10.6	49.7	26.5	9.0
様々なデータを活用できる社会につながっている	5.4	11.0	49.1	25.2	9.3
自然災害を抑制できる社会につながっている	5.9	11.8	51.9	24.0	6.4
生産性の向上につながっている	5.3	13.2	58.6	18.8	4.1
大量生産・大量消費からの脱却につながっている	4.0	9.4	46.6	29.7	10.2
適切な収益を維持できる産業構造につながっている	4.8	10.0	56.8	23.6	4.8
世代交代が適切に機能する産業構造につながっている	5.6	12.3	57.5	19.9	4.7
リサイクルを前提にした産業につながっている	4.6	9.9	53.0	26.9	5.5
行きたい場所に安全に移動できる社会につながっている	6.4	12.7	50.6	22.8	7.5
紛争やテロ行為などが無いと言うことができる社会につながっている	10.4	19.6	55.5	11.7	2.8
個人の主張を自由に発言できる社会につながっている	7.8	14.6	57.3	16.4	3.8
個人情報が保護される社会につながっている	8.8	16.1	56.5	15.4	3.2
行政に対するガバナンスが有効な社会につながっている	6.2	12.0	61.2	17.2	3.5
適切な医療を受けられる社会につながっている	6.7	13.0	54.3	20.7	5.4
適切な介護支援が受けられる社会につながっている	7.6	15.5	57.4	16.2	3.3
食料が安定して供給される社会につながっている	6.3	13.5	55.7	20.1	4.4
感染症や病気が適切に予防できる社会につながっている	6.7	13.9	54.1	21.0	4.4
必要とする教育が受けられる社会につながっている	6.9	14.5	56.8	17.6	4.1
生活の質（QOL）の向上につながっている	3.4	9.2	45.5	32.2	9.7
能力を発揮できる社会につながっている	8.3	12.5	56.1	20.2	4.9
精神的苦痛からの解放につながっている	8.3	15.6	57.1	15.6	3.4
一定水準の生活ができる収入が得られる社会につながっている	6.0	13.5	57.3	18.9	4.3
個性が尊重される社会につながっている	7.0	14.8	58.4	16.5	3.2

図6.4　豊かな未来の実現に向けたイノベーション活動を後押しする指数を単純集計した結果（5事例）

全サンプル：Q3

■非定的　■肯定的

項目	肯定的	非定的
エネルギーの地産地消につながっている	65.9	34.1
自然の恵みを将来にわたって享受できる社会につながっている	68.6	31.4
環境負荷軽減につながっている	60.1	39.9
地球温暖化の防止につながっている	64.4	35.6
持続可能なエネルギー社会につながっている	57.2	42.8
一極集中を緩和できる社会につながっている	77.9	22.1
活気ある地域社会の構築につながっている	70.7	29.3
強靭なインフラ整備・再構築につながっている	64.5	35.5
様々なデータを活用できる社会につながっている	65.5	34.5
自然災害を抑制できる社会につながっている	69.6	30.4
大量生産・大量消費からの脱却につながっている	77.1	22.9
生産性の向上につながっている	60.1	39.9
適切な収益を維持できる産業構造につながっている	71.6	28.4
世代交代が適切に機能する産業構造につながっている	75.4	24.6
リサイクルを前提にした産業構造につながっている	67.6	32.4
行きたい場所に安全に移動できる社会につながっている	69.7	30.3
紛争やテロ行為などが無い社会につながっている	85.5	14.5
個人の主張を自由に発言することができる社会につながっている	79.8	20.2
個人情報が保護される社会につながっている	81.4	18.6
行政に対するガバナンスが有効な社会につながっている	79.3	20.7
適切な医療を受けられる社会につながっている	74.0	26.0
適切な介護支援が受けられる社会につながっている	80.5	19.5
食料が安定して供給される社会につながっている	75.5	24.5
感染症や病気が予防できる社会につながっている	74.6	25.4
必要とする教育が受けられる社会につながっている	78.3	21.7
生活の質（QOL）の向上につながっている	58.1	41.9
能力を発揮できる社会につながっている	74.9	25.1
精神的苦痛からの解放につながっている	80.9	19.1
一定水準の生活ができる収入が得られる社会につながっている	76.8	23.2
個性が尊重される社会につながっている	80.3	19.7

図6.5 図6.4の単純集計（5事例）を肯定的／非定的で単純2分化表記した場合

太陽光発電：Q3

凡例：■全くあてはまらない　■あまりあてはまらない　■どちらともいえない　■ややあてはまる　■非常にあてはまる

非肯定的：全くあてはまらない／あまりあてはまらない／どちらともいえない　　肯定的：ややあてはまる／非常にあてはまる

項目	全くあてはまらない	あまりあてはまらない	どちらともいえない	ややあてはまる	非常にあてはまる
エネルギーの地産地消につながっている	5.5	9.9	38.6	35.8	10.1
自然の恵みを将来にわたって享受できる社会につながっている	7.2	11.4	42.1	31.4	8.0
環境負荷軽減につながっている	6.8	10.9	36.5	34.5	11.3
地球温暖化の防止につながっている	6.7	9.9	35.5	36.6	11.3
持続可能なエネルギー社会につながっている	6.3	9.2	33.8	38.9	11.8
一極集中を緩和できる社会につながっている	10.0	18.5	54.3	15.2	1.9
活気ある地域社会の構築につながっている	9.9	14.9	53.9	18.5	2.9
強靭なインフラ整備・増強につながっている	8.6	15.1	51.9	20.3	4.0
様々なデータを活用できる社会につながっている	10.1	16.0	55.0	16.4	2.4
自然災害を抑制できる社会につながっている	11.8	16.6	47.7	19.4	4.6
大量生産・大量消費からの脱却につながっている	9.2	17.7	53.8	16.4	2.9
生産性の向上につながっている	7.9	14.0	50.9	23.1	4.1
適切な収益を維持できる産業構造につながっている	9.1	15.1	55.2	17.8	2.8
世代交代が適切に機能する産業構造につながっている	10.6	16.9	55.2	14.9	2.4
リサイクルを前提にした産業構造につながっている	9.5	12.3	45.5	27.3	5.4
行きたい場所に安全に移動できる社会につながっている	11.6	19.9	53.9	12.5	1.?
紛争やテロ行為などが無い社会につながっている	16.0	21.9	52.1	8.2	2.2
個人の主張を自由に発言することができる社会につながっている	13.8	19.3	54.1	10.6	2.2
個人情報が保護される社会につながっている	14.6	20.9	53.3	9.8	2.2
行政に対するガバナンスが有効な社会につながっている	10.5	15.8	59.6	11.9	2.2
適切な医療を受けられる社会につながっている	12.7	19.9	52.6	12.6	2.2
適切な介護支援が受けられる社会につながっている	13.5	22.0	53.0	9.6	2.0
食料が安定して供給される社会につながっている	11.2	17.9	55.5	13.3	2.0
感染症や病気の蔓延を予防できる社会につながっている	14.7	20.7	52.5	10.8	2.0
必要とする教育の受けられる社会につながっている	12.5	21.3	54.1	10.1	2.0
生活の質（QOL）の向上につながっている	7.8	12.7	51.5	24.4	3.6
能力を発揮できる社会につながっている	11.9	17.6	53.9	14.2	2.5
精神的苦痛からの解放につながっている	16.2	20.2	53.5	8.7	?
一定水準の生活ができる収入が得られる社会につながっている	10.5	17.8	55.1	14.7	?
個性が尊重される社会につながっている	12.0	20.2	53.7	12.4	?

図6.6 太陽光発電の肯定度を単純集計した結果

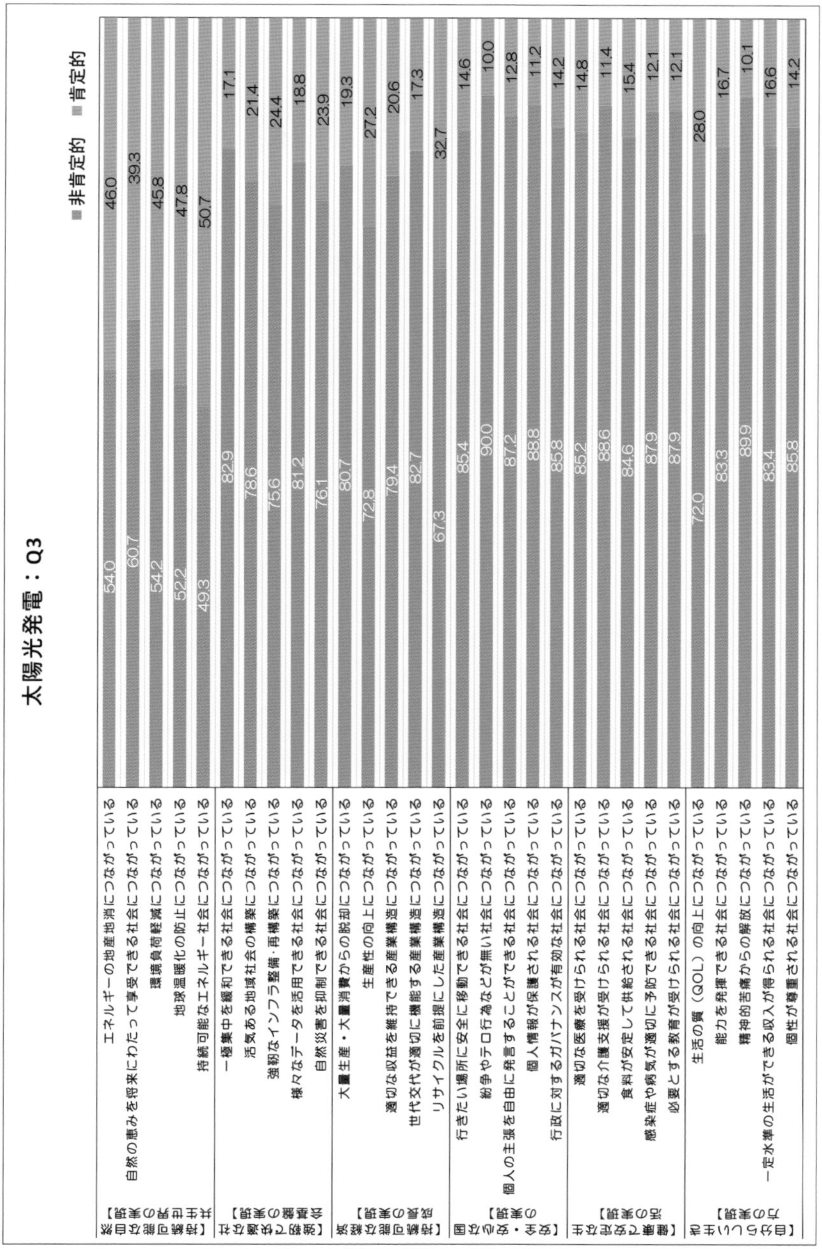

図6.7　図 6.6 の単純集計（太陽光発電）を肯定的／非肯定的で単純 2 分化表記した場合

向上につながっている」「リサイクルを前提とした産業構造につながっている」などの一部を除き，その他多くの尺度項目が高いとは言えない肯定度になっています．

図6.5 のような全データをまとめた俯瞰的な集計は「マクロ視点」からの考察といえ，調査の全体像を見ています．対して太陽光発電に限定した見方は「ミクロ視点[*2)]」からの考察であり，限定的な事例に特化した結果を細かく導く見方です．マクロ視点はミクロ視点の集合であり，俯瞰的な平均的な捉え方ではあるものの，それが故にミクロな視点を切り捨てる一面があります．

マクロな NEDO 開発成果 5 事例をまとめた集計結果と，全個別事例を対比して見やすくまとめ直した結果が 図6.8 です．個別に事例ごとで比較すると，太陽光発電に関わる回答で【持続可能な自然共生世界の実現】の肯定度が高く，他の項目が総じて低いことが分かり，この事例における特徴的な傾向として捉えることができます．その他の特徴をいくつか抜き出します．

- 全事例で「生活の質（QOL）の向上につながっている」は肯定度が高い傾向がある．
- 太陽光発電，エコキュート，光触媒では肯定度の傾向が類似した回答結果になっている．別途肯定度の傾向が似ている社会インフラと半導体とは異なることから，これら事例が 2 群に分けられる可能性がある．
- 全事例の集計では上記の 2 区分を平均化した見え方になり，それら個別の特徴が見えにくくなる．

次に調査結果と属性の関係を見ていきます．図6.9 は NEDO 開発成果 5 事例をまとめてクロス集計し，個別事例に対して回答者の事例への関わりの有無を外部変数として表記しています．統計学的な有意差を調べると，個別事例に関わりのある回答者の方が関わりの無い回答者より高い肯定度であることが分かりますが，一見しただけでは読み取りづらいかもしれません．これを個別事例でまとめ，その一例として，太陽光発電を 図6.10 ，半導体を 図6.11 に

---

* 2)　分割方法によってはメゾ視点とも言えますが，ここではマクロとミクロの 2 次元で簡易化しています．

		太陽光発電	社会インフラ	半導体	エコキュート	光熱費	全サンプル	レンジ
n		1,116	1,110	1,112	1,118	1,116	5,572	
【地球環境への貢献】	エネルギーの地産地消につながっている	46.0	30.4	31.0	38.0	25.1	34.1	20.9
	自然の恵みを将来にわたって享受できる社会につながっている	39.3	29.5	26.1	33.3	28.9	31.4	13.3
	環境負荷軽減につながっている	45.8	41.4	30.0	48.3	34.1	39.9	18.3
	地球温暖化の防止につながっている	47.8	29.3	24.0	46.5	30.4	35.6	23.8
	持続可能なエネルギー社会につながっている	50.7	41.1	42.0	48.7	31.6	42.8	19.1
【地域社会への貢献】	一極集中を緩和できる社会につながっている	17.1	26.8	31.4	20.5	15.0	22.1	16.4
	活気ある地域社会の構築につながっている	21.4	40.1	42.4	22.1	20.6	29.3	21.8
	強靭なインフラ整備・再構築できる社会につながっている	24.4	54.5	51.3	26.1	21.6	35.5	32.9
	様々なデータを活用できる社会につながっている	18.8	50.0	59.9	20.8	23.2	34.5	41.1
	自然災害を抑制できる社会につながっている	23.9	48.4	32.5	25.3	22.1	30.4	26.2
【産業の発展】	大量生産・大量消費からの脱却につながっている	19.3	26.3	25.4	24.1	19.5	22.9	7.0
	生産性の向上につながっている	27.2	50.2	60.3	34.4	27.8	39.9	38.0
	適切な収益を維持できる産業構造につながっている	20.6	35.5	42.2	22.1	21.7	28.4	21.6
	世代交代が適切に機能する産業構造につながっている	17.3	33.1	33.9	20.0	18.8	24.6	16.6
	リサイクルを前提にした産業構造につながっている	32.7	35.9	34.2	31.3	28.2	32.4	7.6
【国民の安全・安心】	行きたい場所に安全に移動できる社会につながっている	14.6	53.2	48.7	15.7	19.2	30.3	38.6
	紛争やテロ行為などが無い社会につながっている	10.0	19.9	17.4	13.1	11.9	14.5	9.9
	個人の主張を自由に発言することができる社会につながっている	12.8	21.2	36.7	14.4	15.9	20.2	23.9
	個人情報が保護される社会につながっている	11.2	20.0	34.5	13.7	13.7	18.6	23.3
	行政に対するガバナンスが有効な社会につながっている	14.2	28.8	28.7	16.8	15.1	20.7	14.7
【国民の生活不安】	適切な医療を受けられる社会につながっている	14.8	31.3	46.9	16.6	20.7	26.0	32.1
	適切な介護支援が受けられる社会につながっている	11.4	24.8	30.4	15.0	16.0	19.5	19.0
	食料が安定して供給される社会につながっている	15.4	35.1	33.5	17.6	20.8	24.5	19.7
	感染症や病気が適切に予防できる社会につながっている	12.1	27.8	34.8	15.6	36.6	25.4	24.5
	必要とする教育が受けられる社会につながっている	12.1	26.9	38.1	15.4	16.1	21.7	26.0
【自分らしい生き方】	生活の質（QOL）の向上につながっている	28.0	46.3	55.8	41.6	37.7	41.9	27.8
	能力を発揮できる社会につながっている	16.7	31.1	40.0	19.1	18.7	25.1	23.4
	精神的苦痛からの解放につながっている	10.1	24.8	24.6	15.7	20.2	19.1	14.6
	一定水準の生活ができる収入が得られる社会につながっている	16.6	28.6	35.3	19.5	16.1	23.2	19.1
	個性が尊重される社会につながっている	14.2	22.4	27.9	16.9	17.4	19.7	13.7

図6.8 全5事例まとめと個別事例を対比して表記したクロス集計結果

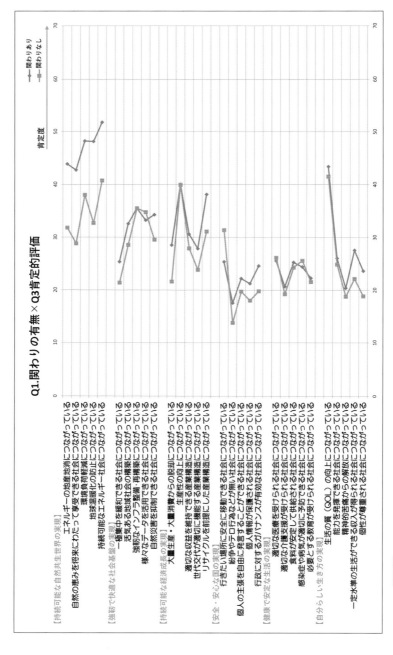

図6.9 5事例をまとめたクロス集計の折れ線表記（回答者の事例への関わりの有無を外部変数とした場合）

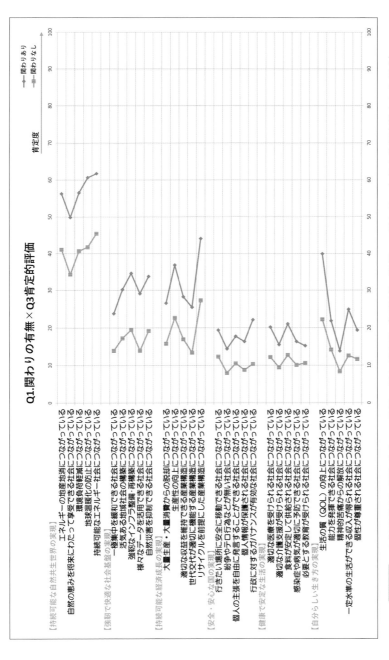

図6.10 太陽光発電に関わるクロス集計の折れ線表記（回答者の事例への関わりの有無を外部変数とした場合）

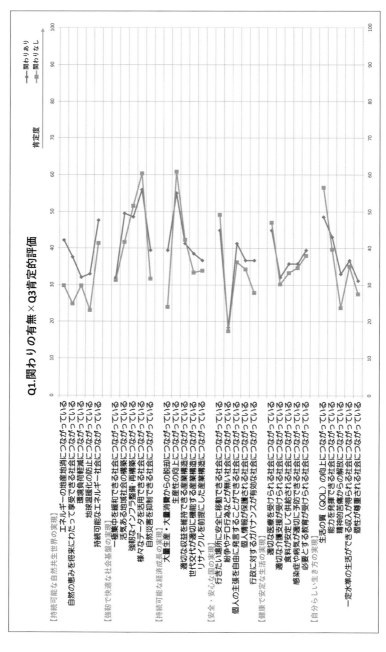

図6.11 半導体に関わるクロス集計の折れ線表記（回答者の事例への関わりの有無を外部変数とした場合）

示します．太陽光発電の場合，関わりのある回答者の方がより高い肯定度であることが一目瞭然です．対して半導体の場合にはそういった傾向が明確ではなく，逆転傾向すら確認できます．事例ごとの違いがあることが分かります．

ではどのように考察するかは，データの原点に立ち返る必要があります．

図6.12 に各事例への関わりの有無に関するクロス集計を示します．太陽光発電とエコキュートは事例への関わりを持つ回答者が30%を超える比較的高い集計結果になっています．対して社会インフラ，半導体，光触媒に関わりを持つ回答者は10%前後と少なく，関わりが高い場合に肯定度が上がる可能性が考えられます．

調査事例×Q1_関わりの有無

	関わりあり	関わりなし	計
太陽光発電	32.3	67.7	1,116
社会インフラ	9.0	91.0	1,110
半導体	9.8	90.2	1,112
エコキュート	31.9	68.1	1,118
光触媒	10.9	89.1	1,116
計	18.8	81.2	5,572

関わりのあり・なしの単位は%，計は総サンプル数

図6.12 個別調査 5 事例への関わりの有無

図6.9 の全データ集計における【持続可能な自然共生世界の実現】のみが関わりの有無で顕著に肯定度が異なるという結果は，太陽光発電とエコキュートの特徴が代表値として強く現れているとの理解につながります．さらに社会インフラに対する関わりの有無を深掘りすると，性別では女性の関わりは5%程度であるのに対して，男性の関わりは10%超であり，集計結果には属性の影響を加味した考察が必要かもしれません．このようにマクロな視点からの集計結果は，ミクロな視点からの集計結果を合わせて見つつ，加えてその背景にある属性の特徴をしっかりつかんだ上で，データを正確に把握する必要があります．データの原点に立ち返った考察が重要であることが示されています．

■ 6.3.3　因子分析で俯瞰的にデータの根幹を探る（探索的因子分析）

次に因子分析を使い，本調査結果を異なる視点から俯瞰的に考察します．因子分析はアンケート調査でよく用いられる統計学上の解析方法の1つで，何らかの結果を引き起こす原因である「因子（構成概念）」を統計処理により究明することができます．詳しくは 4.3 節を参照してください．ここでは抽出された因子を同定して，何が分かるかについて説明します．

本調査では NEDO 開発成果 5 事例に関する 30 項目の質問に回答してもらい，その傾向から抽出される潜在的な捉え方や根底にある共通する思いを共通因子とします．一言で言うと「回答における相関の強い共通項目の関係」を導くことを目的します．

図 6.13 は 5 つの個別事例ごとのデータと，5 事例をまとめたデータの肯定度を因子分析した結果です．因子負荷量（得られた共通因子が因子分析に用いた観測変数に与える影響の強さを表す値）が 0.4 以上である尺度を 1 因子としてまとめており，俯瞰的には **図 6.14** のようなまとまりが見えます．

個別事例では社会インフラのみ 3 因子となりますが，それ以外の事例では 2 因子にまとまります．5 事例をまとめて俯瞰的に見た場合は 3 因子になります．3 因子を 2 因子に統合する場合，因子 1（個人生活への恩恵）は常に独立しており，因子 2 と因子 3 が 1 つの因子にまとまる場合に因子 2（社会への恩恵）に統合されます．また，個別事例において，2 因子であってもそのまとまり方は一様ではなく，太陽光発電とエコキュートが類似した因子のまとまり（相似形）であることが分かります．これは先ほど述べた，事例への関わりのある回答者が多い場合に共通した傾向だと思われます．さらに属性との関係を見ると，**図 6.15** のような傾向を見いだすことができます．特徴を抜き出すと，以下のような考察が可能です．

● 社会インフラと半導体は因子 1 と因子 3 の寄与率が高く，因子に対するまとまり傾向に類似性がみられる．半導体における因子 1 の尺度は因子 2 と混在しており，これら 2 事例を直接比較することは難しいが，因子スコア（因子分析における各事例が持つ個々の因子の重み）の平均で考察すると見えやすくなる．つまり，社会インフラと半導体は類似した傾向の回答で

因子分析	太陽光 因子1	太陽光 因子2	社会インフラ 因子1	社会インフラ 因子2	社会インフラ 因子3	半導体 因子1	半導体 因子2	エコキュート 因子1	エコキュート 因子2	光触媒 因子1	光触媒 因子2	全サンプル 因子1	全サンプル 因子2	全サンプル 因子3
エネルギーの地産地消につながっている	-0.058	0.828	0.438	0.159	0.347	0.685	0.071	0.049	0.734	0.454	0.383	0.150	0.682	0.016
自然の恵みを将来にわたって享受できる社会につながっている	0.001	0.808	0.521	0.191	0.412	0.820	0.091	0.200	0.636	0.121	0.694	0.198	0.679	0.043
環境負荷軽減につながっている	-0.108	0.871	0.017	0.491	0.412	0.668	0.084	0.188	0.877	0.162	0.827	0.137	0.774	0.124
地球温暖化の防止につながっている	-0.110	0.874	0.339	0.139	0.436	0.740	0.046	0.142	0.857	0.155	0.638	0.034	0.833	0.107
持続可能なエネルギー社会につながっている	-0.154	0.936	0.096	0.464	0.368	0.510	0.332	0.146	0.906	0.113	0.714	0.119	0.744	0.214
一極集中を緩和できる社会につながっている	0.649	0.195	0.526	0.198	0.124	0.632	0.130	0.637	0.209	0.793	0.019	0.587	0.168	0.099
活気ある地域社会の構築につながっている	0.497	0.445	0.256	0.528	0.075	0.415	0.428	0.560	0.347	0.542	0.316	0.327	0.207	0.390
強靭なインフラ整備・再構築につながっている	0.369	0.532	0.196	0.861	0.045	0.065	0.724	0.368	0.510	0.463	0.397	0.034	0.159	0.672
様々なデータを活用できる社会につながっている	0.649	-0.020	-0.020	0.641	0.162	0.194	0.927	0.652	0.192	0.566	0.271	0.223	0.079	0.687
自然災害を抑制できる社会につながっている	0.406	0.436	0.055	0.618	0.241	0.551	0.220	0.498	0.371	0.472	0.360	0.274	0.291	0.285
大量生産・大量消費からの脱却につながっている	0.495	0.356	0.375	0.095	0.383	0.707	0.027	0.403	0.434	0.494	0.342	0.442	0.389	0.003
生産性の向上につながっている	0.370	0.511	0.052	0.699	0.058	0.171	0.919	0.268	0.580	0.255	0.575	0.013	0.153	0.720
適切な収益を維持できる産業構造につながっている	0.489	0.401	0.298	0.461	0.141	0.273	0.565	0.486	0.394	0.476	0.386	0.293	0.201	0.413
世代交代が適切に機能する産業構造につながっている	0.583	0.294	0.266	0.368	0.250	0.477	0.341	0.683	0.195	0.641	0.216	0.461	0.170	0.258
リサイクルを前提にした産業構造につながっている	0.259	0.585	0.328	0.262	0.296	0.536	0.240	0.285	0.550	0.271	0.547	0.227	0.471	0.159
行きたい場所に安全に移動できる社会につながってい	0.754	0.104	0.068	0.842	0.068	0.058	0.778	0.909	0.104	0.747	0.071	0.375	0.167	0.618
紛争やテロ行為などの無い社会につながっている	0.835	0.074	0.691	0.096	0.143	0.826	0.301	0.900	0.149	0.902	0.167	0.859	0.077	0.209
個人の主張を自由に発言することができる社会につなが	0.879	-0.066	0.810	0.205	0.125	0.406	0.302	0.852	0.012	0.902	0.093	0.799	0.046	0.051
個人情報が保護される社会につながっている	0.904	0.113	0.787	0.213	0.167	0.580	0.178	0.903	0.112	0.883	0.108	0.831	0.020	0.016
行政に対するガバナンスが有効な社会につながってい	0.681	0.202	0.462	0.258	0.167	0.649	0.178	0.694	0.195	0.702	0.147	0.584	0.162	0.149
適切な医療を受けられる社会につながっている	0.847	-0.021	0.703	0.254	0.182	0.172	0.660	0.912	0.075	0.713	0.115	0.614	0.131	0.365
適切な介護支援が受けられる社会につながっている	0.907	0.085	0.731	0.082	0.013	0.565	0.215	0.862	0.016	0.818	0.029	0.769	0.019	0.086
食料の安定して供給される社会につながっている	0.707	0.190	0.579	0.333	0.163	0.570	0.238	0.804	0.049	0.660	0.186	0.591	0.072	0.209
感染症や病気から守られる社会につながっている	0.905	-0.096	0.693	0.083	0.015	0.491	0.318	0.839	0.002	-0.061	0.723	0.590	0.022	0.169
必要とする教育が受けられる社会につながっている	0.859	-0.014	0.767	0.012	0.028	0.376	0.469	0.863	0.050	0.841	0.035	0.726	0.054	0.176
生活の質（QOL）の向上につながっている	0.346	0.555	0.190	0.652	0.031	0.073	0.838	0.058	0.742	0.139	0.781	0.271	0.271	0.605
能力を発揮できる社会につながっている	0.727	0.144	0.552	0.231	0.070	0.390	0.471	0.730	0.132	0.702	0.144	0.558	0.045	0.285
精神的苦痛からの解放につながっている	0.889	0.099	0.572	0.109	0.063	0.694	0.036	0.817	0.003	0.453	0.272	0.697	0.046	0.027
一定水準の生活ができる社会につながっている	0.681	0.207	0.635	0.203	0.052	0.483	0.339	0.595	0.258	0.788	0.056	0.556	0.139	0.185
個性が尊重される収入が得られる社会につながっている	0.836	0.002	0.810	0.148	0.032	0.687	0.061	0.819	0.032	0.817	0.003	0.803	0.058	0.032

図6.13　因子分析の結果

図6.14 抽出された因子（因子負荷量＞0.4の尺度）の整理

	太陽光	社会インフラ	半導体	エコキュート	光触媒	5事例
弱い因子 / 因子1が一部混在 / 因子3が一部混在	○	○		○	●	○
	○	△	●	○	○	○
		○	○			○
	2因子	3因子	2因子	2因子	2因子	3因子

3因子	2因子
1. 個人生活への恩恵	個人生活への恩恵
2. 自然共生	社会への恩恵
3. 社会基盤の構築	

○：因子として1つにまとまる
●：因子として1つにまとまるが，他因子も一部含まれる
△：因子として1つにまとまるが，因子負荷量の総和が小さい

あると考えられる．

● 太陽光発電とエコキュートは因子1と因子3の寄与率が低く，因子2の肯定感は高め（否定的ではない）と言え，因子に対する傾向に類似性がみられる．したがって，太陽光発電とエコキュートは類似した傾向の回答であると考えられる．

● 光触媒に関しては，全因子で肯定感が低く，他の4事例とは異なる傾向に見える．この背景には，図6.12 に示す関わり方の低さに加え，図6.16 に示される「どちらともいえない」の回答率の高さ（全体で6割程度）から，回答者の認知度が低いことが影響している可能性がある．

● 性別と年齢からの寄与率への影響は，40歳を底にした寄与率の特徴が現れており，若年層から40歳まで肯定度が下がる傾向にあり，40歳以降では肯定度が上がる傾向，60代以降で高い肯定度を示す．

コラム4 妥当性を傍証するためのデータの見方

　質問項目には，これから取得するデータの妥当性を傍証できる尺度も加えておくことが有用です．たとえば，異なる質問に対して肯定的な捉え方をする人は，well-being に関わる質問に対しても肯定的であり，逆に否定的な捉え方をする人は全般的な捉え方も否定的になる傾向があるようです．こういった傾向は，心理学における向社会性（報酬によらず，他の人や集団を助けようとする行動，社会的な価値に対して肯定的な捉え方）が高い人の傾向とされます（[16]）．こういった視点も踏まえつつ，実施した調査結果が過去の結果を仮に再現するのであれば，その調査は過去の調査に基づく間接的な妥当性を確認で

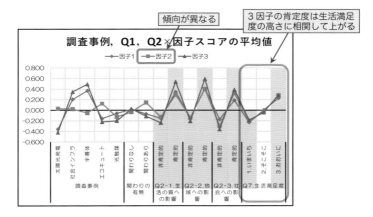

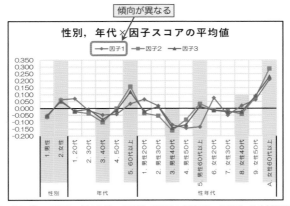

因子のネーミング： 因子1：個人生活への恩恵，因子2：自然共生，因子3：社会基盤の構築

図6.15 因子スコアの平均値比較

きることになります.

図6.15 において，性別と年齢から3つの因子を比較すると，因子2と因子3の傾向が類似しており，因子1とは異なる傾向が見られます．これは3因子を2因子にまとめた際の捉え方（社会への恩恵）を傍証しており，間接的に**図6.14** の因子の整理が妥当であることを確認できます.

以上種々考察をしましたが，データを多面的に観察し，個別事例に分けた場

光触媒：Q3

凡例：■全くあてはまらない　■あまりあてはまらない　どちらともいえない　ややあてはまる　■非常にあてはまる　／　否定的　肯定的

項目	全くあてはまらない	あまりあてはまらない	どちらともいえない	ややあてはまる	非常にあてはまる
エネルギーの地産地消につながっている	5.1	11.1	58.7	21.7	3.4
自然の恵みを将来にわたって享受できる社会につながっている	3.9	9.4	57.9	24.5	4.4
環境負荷軽減につながっている	3.2	9.2	53.4	27.8	6.4
地球温暖化の防止につながっている	5.2	9.4	55.0	25.9	4.5
持続可能なエネルギー社会につながっている	3.3	9.6	55.5	26.9	4.7
一極集中を緩和できる社会につながっている	6.7	14.2	64.2	13.3	
活気ある地域社会の構築につながっている	5.9	11.0	62.5	17.9	2.7
強靭なインフラ整備・再構築につながっている	4.8	11.5	62.1	18.8	2.8
様々なデータを活用できる社会につながっている	6.6	12.1	58.1	20.0	3.2
自然災害を抑制できる社会につながっている	5.6	10.8	61.5	18.5	3.7
生産性の向上につながっている	5.6	11.7	63.2	16.1	3.4
大量生産・大量消費からの脱却につながっている	3.9	9.1	59.1	23.6	4.2
適切な収益を維持できる産業構造につながっている	5.0	9.1	64.2	19.2	2.5
世代交代が適切に機能する産業構造につながっている	6.5	11.1	63.5	16.3	
リサイクルを前提にした産業構造につながっている	4.5	9.3	58.0	24.8	3.4
行きたい場所に安全に移動できる社会につながっている	6.7	13.1	61.0	16.5	
紛争やテロ行為などが無い社会につながっている	10.6	19.8	57.7	9.6	
個人の主張を自由に発言することができる社会につながっている	8.7	14.4	60.9	13.5	
個人情報が保護される社会につながっている	9.7	16.8	59.8	11.6	
行政に対するガバナンスが有効な社会につながっている	7.0	12.0	65.9	12.8	
適切な医療を受けられる社会につながっている	6.5	11.5	61.4	17.5	3.2
適切な介護支援が受けられる社会につながっている	8.2	14.2	61.6	14.2	
食料が安定して供給される社会につながっている	6.6	13.3	59.3	17.9	2.8
感染症や病気が予防できる社会につながっている	3.2	9.0	51.3	30.0	6.5
必要とする教育が受けられる社会につながっている	7.9	14.6	61.4	14.1	
生活の質（QOL）の向上につながっている	3.1	8.7	50.4	32.4	5.3
能力を発揮できる社会につながっている	7.3	11.7	62.3	15.3	3.4
精神的苦痛からの解放につながっている	6.7	13.7	59.4	17.5	2.7
一定水準の生活ができる収入が得られる社会につながっている	6.9	14.0	63.0	13.5	
個性が尊重される社会につながっている	7.9	13.5	61.2	15.1	

図6.16 単純集計（光触媒）

合の考察においても全体像と矛盾していないことを確認する必要があるということです.

本調査における NEDO 開発成果 5 事例を集計した NEDO の開発成果に対する俯瞰的な考察では,個々には 3 つの因子,大別すると 2 つの因子が抽出され,大きくは「個人生活への恩恵」「社会への恩恵」に二分されました.ではこれら調査結果から,明らかにしたかった仮説を検証できるかについて,以下説明します.

■6.3.4　テキストマイニング流分析の活用

それでは,テキストマイニング流分析を使って,仮説の検証までの最終準備を進めます.まずは 4.4 節「テキストマイニングのためのデータを作る」に従い,評定尺度データをテキストデータに変換します.　図6.17　は,尺度の各項目を一言で表す短縮表現を作成しています.短縮表現には絶対的な正解はないので,自身の語彙力を最大限に活かした,適切な表現抽出に善処してください.たとえば,以下のようになります.

エネルギーの地産地消につながっている　→　エネルギー地産地消

一極集中を緩和できる社会につながっている　→　一極集中緩和

大量生産・大量消費からの脱却につながっている　→　大量生産消費の脱却

行きたい場所に安全に移動できる社会につながっている　→　安全移動

適切な医療を受けられる社会につながっている　→　医療

生活の質（QOL）の向上につながっている　→　生活の質

次は作成した短縮表現を使って分析用のテキストデータを作成します.　図6.18　に示す仮説コードは,因子分析の結果から 3 つの仮説コードにまとめています.このまとめ方も絶対的な正解はなく,本調査では統計的な根拠のある因子分析との組み合わせから仮説コードをまとめています.

評定尺度データのテキストデータへの置き換え方は,Excel シートで集計した評定尺度データのうち肯定的評価（「非常にあてはまる」または「あてはまる」）のデータ（評価が 4 または 5 のセル）を短縮化した文字列で置き換え,評価が 3 以下の値を削除して,最後に行ごとに 30 個すべての質問項目を結合

	Qno	評価項目	短縮表現
持続可能な世界の実現〔自然共生〕	Q3_a1	エネルギーの地産地消につながっている	エネルギー地産地消a1
	Q3_a2	自然の恵みを将来にわたって享受できる社会につながっている	自然の恵みa2
	Q3_a3	環境負荷軽減につながっている	環境負荷軽減a3
	Q3_a4	地球温暖化の防止につながっている	地球温暖化防止a4
	Q3_a5	持続可能なエネルギー社会につながっている	持続可能な社会a5
強靭で快適な社会基盤の実現〔社会基盤〕	Q3_b1	一極集中を緩和できる社会につながっている	一極集中緩和b1
	Q3_b2	活気ある地域社会の構築につながっている	活気ある地域社会b2
	Q3_b3	強靭なインフラ整備・再構築につながっている	強靭なインフラ整備b3
	Q3_b4	様々なデータを活用できる社会につながっている	データ活用b4
	Q3_b5	自然災害を抑制できる社会につながっている	自然災害抑制b5
持続可能な経済成長の実現〔経済成長〕	Q3_c1	大量生産・大量消費からの脱却につながっている	大量生産消費の脱却c1
	Q3_c2	生産性の向上につながっている	生産性向上c2
	Q3_c3	適切な収益を維持できる産業構造につながっている	収益維持c3
	Q3_c4	世代交代が適切に機能する産業構造につながっている	世代交代c4
	Q3_c5	リサイクルを前提にした産業構造につながっている	リサイクルc5
安全・安心な国の実現〔安全・安心〕	Q3_d1	行きたい場所に安全に移動できる社会につながっている	安全移動d1
	Q3_d2	紛争やテロ行為などが無い社会につながっている	命の危険なしd2
	Q3_d3	個人の主張を自由に発言することができる社会につながっている	自由な発言d3
	Q3_d4	個人情報が保護される社会につながっている	個人情報d4
	Q3_d5	行政に対するガバナンスが有効な社会につながっている	ガバナンスが有効d5
健康で安定した生活の実現〔健康・安定〕	Q3_e1	適切な医療を受けられる社会につながっている	医療e1
	Q3_e2	適切な介護支援が受けられる社会につながっている	介護支援e2
	Q3_e3	食料が安定して供給される社会につながっている	食料供給e3
	Q3_e4	感染症や病気が適切に予防できる社会につながっている	感染症病気予防e4
	Q3_e5	必要とする教育が受けられる社会につながっている	教育e5
自分らしい生き方の実現〔自分らしい生き方〕	Q3_f1	生活の質（QOL）の向上につながっている	生活の質f1
	Q3_f2	能力を発揮できる社会につながっている	能力発揮f2
	Q3_f3	精神的苦痛からの解放につながっている	精神的苦痛の解放f3
	Q3_f4	一定水準の生活ができる収入が得られる社会につながっている	一定水準生活f4
	Q3_f5	個性が尊重される社会につながっている	個性尊重f5

図6.17 個別尺度項目を一言で表す短縮表現

します（2.2節参照）．

たとえば，因子2「自然共生」のみを考えると，以下のような手順でテキストデータ化されます．

「エネルギー地産地消」→　4または5→　置換

「自然の恵み」→　4または5→　置換

「環境負荷軽減」→　4または5→　置換

「地球温暖化防止」→　1,2または3→　削除

「持続可能な社会」→　1,2または3→　削除

	Qno	評価項目	短縮表現
〔持続可能な世界の実現〕自然共…	Q3_a1	エネルギーの地産地消に…	エネルギー地産地消a1
	Q3_a2	自然の恵みを将来に…	自然の恵みa2
	Q3_a3	環境負荷軽減に…	環境負荷軽減a3
	Q3_a4	地球温暖化の防止に…	地球温暖化防止a4
	Q3_a5	持続可能なエネルギー…	持続可能な社会a5
〔快適な社会基盤の実現〕	Q3_b1	一極集中を緩和できる…	一極集中緩和b1
	Q3_b2	活気ある地域社会の構築に…	活気ある地域社会b2
	Q3_b3	強靭なインフラ整備…	強靭なインフラ整備b3
	Q3_b4	様々なデータを活用できる…	データ活用b4
	Q3_b5	自然災害を抑制できる…	自然災害抑制b5
〔持続可能な経済成長の実現〕	Q3_c1	大量生産・大量消費から…	大量生産消費の脱却c1
	Q3_c2	生産性の向上に…	生産性向上c2
	Q3_c3	適切な収益を維持…	収益維持c3
	Q3_c4	世代交代が適切に機能する…	世代交代c4
	Q3_c5	リサイクルを前提にした…	リサイクルc5
〔安全安心な国の実現〕	Q3_d1	行きたい場所に安全に…	安全移動d1
	Q3_d2	紛争やテロ行為などが…	命の危険なしd2
	Q3_d3	個人の主張を自由に発言…	自由な発言d3
	Q3_d4	個人情報が保護される…	個人情報d4
	Q3_d5	行政に対するガバナンス…	ガバナンスが有効d5
〔健康で安定した生活の実現〕	Q3_e1	適切な医療を受けられる…	医療e1
	Q3_e2	適切な介護支援が…	介護支援e2
	Q3_e3	食料が安定して供給…	食料供給e3
	Q3_e4	感染症や病気が適切に…	感染症病気予防e4
	Q3_e5	必要とする教育が…	教育e5
〔自分らしい生き方の実現〕	Q3_f1	生活の質（QOL）の向上…	生活の質f1
	Q3_f2	能力を発揮できる社会…	能力発揮f2
	Q3_f3	精神的苦痛からの解放…	精神的苦痛の解放f3
	Q3_f4	一定水準の生活ができる…	一定水準生活f4
	Q3_f5	個性が尊重される…	個性尊重f5

因子分析の結果と合わせた3区分
→ 仮説コード

○仮説コード

個人生活

一極集中緩和b1 or 大量生産消費の脱却c1 or 世代交代c4 or 命の危険なしd2 or 自由な発言d3 or 個人情報d4 or ガバナンスが有効d5 or 医療e1 or 介護支援e2 or 食料供給e3 or 感染症病気予防e4 or 教育e5 or 能力発揮f2 or 精神的苦痛の解放f3 or 一定水準生活f4 or 個性尊重f5

環境

エネルギー地産地消a1 or 自然の恵みa2 or 環境負荷軽減a3 or 地球温暖化防止a4 or 持続可能な社会a5 or リサイクルc5

社会基盤

活気ある地域社会b2 or 強靭なインフラ整備b3 or データ活用b4 or 自然災害抑制b5 or 生産性向上c2 or 収益維持c3 or 安全移動d1 or 生活の質f1

○仮説コードのネーミング
　因子1：個人生活への恩恵（16項目）
　因子2：自然共生（6項目）
　因子3：社会基盤の構築（8項目）

図6.18　因子分析の結果と仮説コード3区分

「リサイクル」→　4または5→　置換

分析用のテキストデータは「エネルギー地産地消，自然の恵み，環境負荷軽減，リサイクル」になります．

　次はこのテキストデータを対象に，KH Coder を使ってテキストマイニングを行います．まずは仮説コードを共起ネットワークと階層的クラスター分析を用いて表記した結果を **図6.19** に示します．どちらの表記方法においても，仮説コードがうまく分離されていることが分かります．

　次に，個々の5事例を外部変数として取り込んだ共起ネットワークでの表記を **図6.20** に示します．5つの事例ごとに寄与率が高い因子が異なっていること，加えて事例間の共通性や異なる点が明らかになります．太陽光発電とエコ

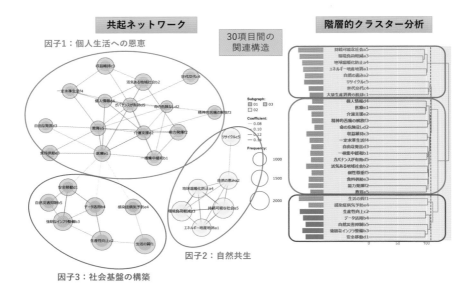

図6.19 テキストマイニング流分析を用いて表記した共起ネットワークと階層的クラスター分析

キュートの肯定度に関わる共通性が視覚的に確認でき，この2つの事例に特化した共通する肯定度は「自然共生」を中心とした「社会への恩恵」に近いと言え，他の3つの事例とは異なっていることが確認できます．半導体と社会インフラにも肯定度に共通性があり，「個人生活への恩恵」を中心とした個人に関わる視点でつながっているように見えます．面白い結果としては，光触媒がこれら2つの群の中間に位置していることです．この結果は因子スコアの平均値から比較評価した5事例の特徴に対応しており（**図6.15**），視覚的にその結果を分かりやすく表記できるところに共起ネットワークの最大のメリットがあります．

コラム5 （一般的な）テキストマイニング分析との比較

　本調査は3回のアンケートに基づく段階的な調査として，2年にわたる成果を積み上げています．その中で以下のような自由記述でのアンケート調査も行っています（太陽光発電の場合を示します）．

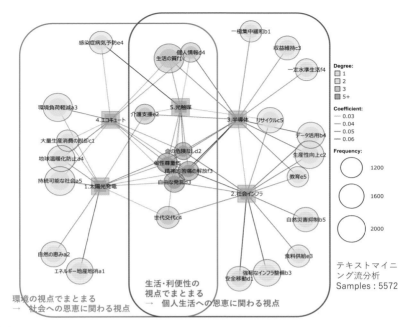

図6.20 テキストマイニング流分析を用いて表記した共起ネットワーク（外部変数を5事例として表記）

質問1：太陽光発電が，あなたの生活の質に良い影響をもたらしたと思われた理由を自由にご記入ください．

質問2：太陽光発電が，社会に良い影響をもたらしたと思われた理由を自由にご記入ください．

　ここで得られたテキストデータについてもテキストマイニング分析（一般的な手法）を行っており，5事例を外部変数とした共起ネットワークによる表記を **図6.21** に示します．**図6.20** とほぼ同様な傾向が示されていることが分かります．つまり，テキストマイニング流分析をうまく活用できれば，自由記述形式のアンケートを実施することなく，外部変数の共起性に基づく関係性を知ることができます．勿論，テキストデータを分析する場合と同等の単語の抽出や，それら個々の単語の共起性を知ることはできませんが，テキストデータの分析をすることなく外部変数との関係性を知ることができるメリットは極めて

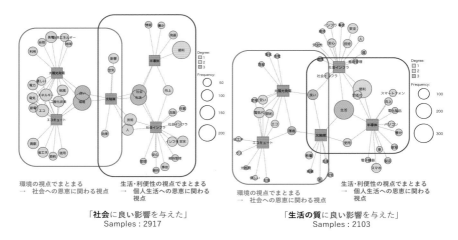

環境の視点でまとまる
→ 社会への恩恵に関わる視点

生活・利便性の視点でまとまる
→ 個人生活への恩恵に関わる
視点

「**社会**に良い影響を与えた」
Samples : 2917

環境の視点でまとまる
→ 社会への恩恵に関わる視点

生活・利便性の視点でまとまる
→ 個人生活への恩恵に関わる
視点

「**生活の質**に良い影響を与えた」
Samples : 2103

図6.21 従来のテキストマイニングによって描いた共起ネットワーク
外部変数を用いた表記が図 6.20 と同様な関係性で示されている.

大きな特徴です. 何故なら, テキストデータの収集は尺度評価の回答に比較すると有効な回収が難しく（文章を書く煩わしさからか, 記載なし回答が多くなる傾向）, その分析特有の前処理に格段の手間がかかるためです.

特に生データの前処理をせずに分析ができることの意義は大きく, 前処理時の作業ミスをなくせること, 前処理の際に研究者による恣意性を低く抑えられることは, データの客観性を損ねることなく分析が進められることに相当し, 研究の精度が高くなると言えます.

■6.3.5 仮説コードを用いた仮説の検証

次は仮説コードを用いた仮説の検証を行います. この進め方も一通りではないのですが, ここではテキストマイニング流分析を使った手法に特化して紹介します.

まずは **図6.18** を仮説コードに基づき, 非肯定度・肯定度の割合を並べ直したものを **図6.22** に示します. **図6.5** と比較すると, 各項目の肯定度と項目間のまとまりが見やすくなります. 仮説コード「自然共生」と「社会基盤の

30尺度を仮説コード順に整列して集計

■非肯定的　■肯定的

項目	肯定的	非肯定的
エネルギーの地産地消につながっている	65.9	34.1
自然の恵みを将来にわたって享受できる社会につながっている	68.6	31.4
環境負荷軽減につながっている	60.1	39.9
地球温暖化の防止につながっている	64.4	35.6
持続可能なエネルギー社会につながっている	57.2	42.8
リサイクルを前提にした産業構造につながっている	67.6	32.4
汚染のない地域社会の構築・再構築につながっている	70.7	29.3
強靭なインフラ整備・再構築につながっている	64.5	35.5
様々なデータを活用できる社会につながっている	65.5	34.5
自然災害を抑制できる社会につながっている	69.6	30.4
生産性の向上につながっている	60.1	39.9
適切な収益を維持できる産業構造につながっている	71.6	28.4
行きたい場所に安全に移動できる社会につながっている	69.7	30.3
生活の質（QOL）の向上につながっている	58.1	41.9
一極集中を緩和できる社会につながっている	77.9	22.1
大量生産・大量消費からの脱却につながっている	77.1	22.9
世代交代が適切に機能する産業構造につながっている	75.4	24.6
紛争やテロ行為などが無いは社会につながっている	85.5	14.5
個人の主張を自由に発言することができる社会につながっている	79.8	20.2
個人情報が保護される社会につながっている	81.4	18.6
行政に対するガバナンスが有効な社会につながっている	79.3	20.7
適切な医療を受けられる社会につながっている	74.0	26.0
適切な介護支援が受けられる社会につながっている	80.5	19.5
食料が安定して供給される社会につながっている	75.5	24.5
感染症や病気が適切に予防できる社会につながっている	74.6	25.4
必要とする教育が受けられる社会につながっている	78.3	21.7
能力を発揮できる社会につながっている	74.9	25.1
精神的な苦痛からの解放につながっている	80.9	19.1
一定水準の生活ができる収入が得られる社会につながっている	76.8	23.2
個性が尊重される社会につながっている	80.3	19.7

図6.22　仮説コードに基づき図6.18を整理して表記

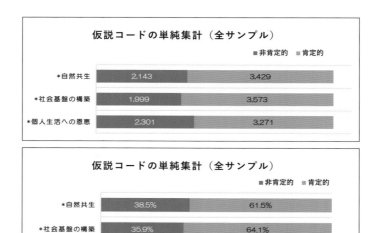

図6.23 仮説コードに基づき図 6.22 を単純化して表記

構築」は尺度項目として，それぞれのばらつきは大きいものの（それぞれ 6 項目と 8 項目），「個人生活への恩恵」よりも個別項目の肯定度が高くなっていることが分かります．さらに各仮説コードを因子としてひとまとめにして，非肯定度・肯定度の割合を示した結果が **図6.23** になります．ここでは仮説コード内の項目に 1 つでも肯定的な示唆があった場合は，その仮説コードは肯定的に捉えられていると解釈しています．たとえば「自然共生」の仮説コードは 6 項目あり，その内の 1 つである「持続可能なエネルギー社会につながっている」のみが肯定的評価，残りの 5 項目が非肯定的評価であっても，この仮説コードでは肯定的と判断して集計しています．したがって， **図6.23** での肯定度は **図6.22** よりも高い肯定度指数として集計されています．

　今回抽出した 5 事例を NEDO の開発成果の代表例として，ここで示される仮説コードへの肯定度と幸福尺度（指標として協調的幸福感を用いている）との対比から，国民の幸福感の向上は国益につながっているとの前提を置き，それら開発成果がどの程度国益に貢献しているかを考察します．

明らかにしたい仮説：NEDO 開発成果 5 事例は社会的な便益（国益）に貢献できているのか？

仮説検証 1：NEDO 開発成果 5 事例は肯定的に捉えられているのか？

仮説検証 2：NEDO 開発成果 5 事例の肯定度は協調的幸福感（国益への貢献を示す 1 つの指標として）に影響しているのか？

　明らかにしたい仮説「NEDO 開発成果 5 事例は社会的な便益（国益）に貢献できているのか？」について，まずは仮説検証 1「NEDO 開発成果 5 事例は肯定的に捉えられているのか？」を調べます．次に仮説検証 2「NEDO 開発成果 5 事例の肯定度は協調的幸福感に影響しているのか？」を「肯定的」「非肯定的」それぞれの場合について調べ，仮にこれら 2 つの仮説検証に統計的に有意な正の相関があれば，「NEDO 開発成果 5 事例の肯定度が上がれば協調的幸福感も上がる」への示唆があると考え，国民の幸福感向上を指標とした国益への貢献の可能性があると考えます（[17]）．

　仮説検証 1 については，**図6.23** から，全ての仮説コードに対して 6 割程度の肯定的回答（何らかの尺度項目で肯定的な示唆がある）が得られており，5 事例に限られるマクロな結果にはなりますが，これまでの NEDO 開発成果 5 事例は総じて肯定的に捉えられていると考えられます．

　次に仮説検証 2 について考えます．日本的幸福の定義に基づく「協調的幸福尺度」は，日本人の特徴を的確に表す 9 項目 1 因子で示されます（ **図6.2** ）．本調査では協調的幸福尺度を日本人にとっての主観的幸福感を表す指標と仮定します．次に仮説コードが肯定的な場合と非肯定的な場合に分け，それぞれの仮説コードに対して協調的幸福尺度を求めて，そこに統計的に有意な差があるかを調べました．仮に仮説コードの肯定度がより高い場合に協調的幸福尺度が高くなるのであれば，ここでは「NEDO 開発成果 5 事例の肯定度が上がることで協調的幸福感も上がる」と考えます．

　図 6.24 ⑴ は仮説コード「個人生活への恩恵（因子 1）」を肯定的な評価と非肯定的な評価に分け，それぞれ協調的幸福尺度との関係を比較しています．仮説コードの肯定度がより高い場合に協調的幸福尺度が高くなっていることが分かります．ここには統計的な有意な差があることも確認できています．同様

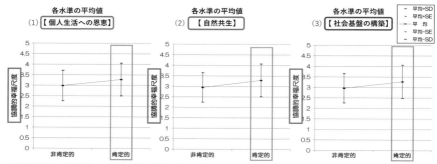

図6.24 仮説コード「個人生活への恩恵（因子1）」，「自然共生（因子2）」「社会基盤の構築（因子3）」の肯定度と「協調的幸福尺度」の相関関係

に **図6.24(2)** は仮説コード「自然共生（因子2）」の肯定度が，**図6.24(3)** は仮説コード「社会基盤の構築（因子3）」の肯定度が高くなると，協調的幸福尺度が高くなっており，3因子共にNEDO開発成果5事例が人の幸福感につながっている可能性を示唆しています．

　ここでの結果は，マクロな視点からの考察にはなりますが，NEDOの開発成果は人を幸せにしている可能性があり，その結果として国益への貢献の可能性があると考えました．ただ，注意しなければならないこととして，4割程度の回答はNEDOの開発成果に対して肯定的な回答を出しておらず，2割程度に至っては否定的な回答になっています（**図6.4**）．そう考えると，ここでの検証結果は「可能性がある」との表記にとどめることが妥当だと考えます．NEDOの開発成果に対して否定的な捉え方をしている場合には，幸福感が下がるとの結論にも至り，ミクロな個人での捉え方に着眼した場合，NEDOの開発成果は幸福感を下げている側面がある可能性も考えられます．

　さらに考察を進めて，協調的幸福尺度と生活満足度の関係についても調べました．協調的幸福尺度は心理学的な幸福尺度，対して生活満足度は社会学的な幸福尺度と考えられています．ここまでの先行調査（[12, 13]）が妥当であるとすると，これらに正の相関が見られるはずで，その検証結果を **図6.25** に示します．相関係数は比較的高い値（r = 0.75）が得られています．生活満足

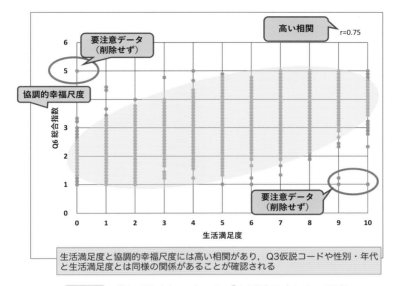

図6.25 「協調的幸福尺度」と「生活満足度」との関係

度を客観的幸福尺度とした場合においても，協調的幸福尺度と同様な結果が得られました．確認の意味で，仮説コード「個人生活への恩恵（因子1）」の肯定度と生活満足度が統計的に有意な正の相関関係にあることを **図6.26(1)** に

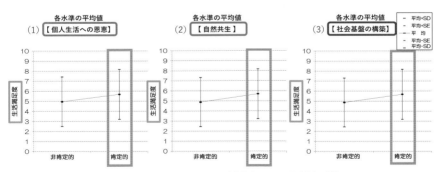

図6.26 仮説コード「個人生活への恩恵（因子1）」，「自然共生（因子2）」「社会基盤の構築（因子3）」の肯定度と「生活満足度」の相関関係

示します．同様に 図6.26(2) は仮説コード「自然共生（因子2）」の肯定度
が，図6.26(3) は仮説コード「社会基盤の構築（因子3）」の肯定度が高くな
ると，生活満足度が高くなっており，統計的に有意な正の相関関係であること
も確認でき，ここまでの結果に矛盾していないことが分かります．

結論：NEDO の開発成果はマクロ的には人を幸せにしている可能性が示唆さ
れ，国益としての貢献の可能性はあるが，ミクロな視点から見た個人の
捉え方にはそうとは言えない場合がある．

コラム6　仮説検証結果の妥当性を違った切り口から考察する

　ここでは仮説検証の結果をさらに深く考察してみます．結論部の「ミクロに
見た個人の捉え方には幸福感を肯定していない場合がある」とは，どういった
ことを示唆するのでしょうか？　太陽光発電の事例を例にして，ここまでとは
異なる分析手法を用いて考察します．本調査では，さらに下記のような自由回
答による意見収集を実施しています．「社会への悪い影響（質問4）」について
の自由記述回答では，太陽光発電について唯一有効回答数が得られました
（11.3%）．ここでは従来のテキストマイニング分析からも考察を進めています．

質問3：太陽光発電が，あなたの生活の質に悪い影響をもたらしたと思われた
　　　　理由を自由にご記入ください．
質問4：太陽光発電が，社会に悪い影響をもたらしたと思われた理由を自由に
　　　　ご記入ください．

新たな仮説を立てて，検証してみました．
仮説検証3：大規模な（メガワット級）太陽光発電の設置場所は主に地方であ
　　　　　　るため，景観を含む独特な捉え方が地方独自に生じている可能性
　　　　　　があり，都市部との比較で違いがある．

　地域性を外部変数にして，テキストマイニング分析した結果を共起ネットワー
クを用いて 図6.27 に示します．
　地域性は首都圏（東京都，神奈川県，千葉県，埼玉県），関西都市部（大阪府，
京都府，兵庫県），中部都市部（愛知県，静岡県），地方（それ以外の道県）の
4区分としました．ネガティブな捉え方は全般的に分散されていますが，「景観」
に関しては地方特有のワードである可能性が示唆されています．こういった地

方独特の捉え方は，ミクロな視点からの見解として導かれ，幸福感の低下につながっている可能性があります．論文など（[18, 19, 20]）で問題提起されている景観問題の多くは地方で発生しており，今回のテキストマイニングでの分析結果がそういった傾向を拾い出している可能性があります．

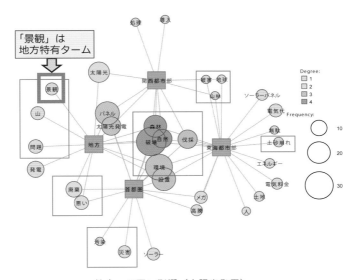

社会への悪い影響（太陽光発電）

悪い影響へのコメント数 / 総アンケート数： 113 / 1000（回収率：11.3%）
首都圏（35/361）/ 関西都市部（13/155）/ 中部都市部（13/99）/ 地方（52/385）
回収率： 首都圏：関西都市部：中部都市部：**地方**＝ 9.7%：8.4%：13.1%：**13.5%**

図6.27 地域性を外部変数とした共起ネットワーク表記（太陽光発電）

6.4 社会調査におけるテキストマイニング流分析の活用事例のまとめ

以上，これまでに実施された NEDO プロジェクトの開発成果に対して，社会的便益（国益）を測る指標として幸福感・満足度を用いて，社会的なアウトカム効果が大きいとされる 5 事例を取り上げて評価しました．具体的には，従来の社会学的満足度（生活満足度）に加え，日本人的幸福感（協調的幸福尺

度）を調査項目に含め，NEDO が取り組んできた開発成果がコア技術として
活用された製品との関連性を調べました．新規に考案した分析手法であるテキ
ストマイニング流分析（評定尺度をテキスト化することで行うテキストマイニ
ング）を適用することで，5 事例と協調的幸福感の関係性を見いだすことがで
き，5 事例全体においても，事例ごとにおいても，国民の幸福感に良い影響を
与えており，NEDO の開発成果が国益につながっている可能性が示されまし
た．

　なお，第 6 章の社会調査は，2022 年度成果報告書「NEDO プロジェクトに
おけるアウトカム指標を用いた成否分析に関する調査（報告書管理番号：
20220000001183)」で得られた成果をご紹介しています．ご協力いただいた
方々に，紙面をお借りしてお礼申し上げます．

参考文献

[1] NEDO：将来像レポート「イノベーションの先に目指すべき「豊かな未来」」
（https://www.nedo.go.jp/news/press/AA5_101449.html）
[2] 新田明美：「知らないと大変？！　研究する上でやってはいけないこと（禁忌）
第 4 回目：リサーチクエスチョンの構造化」，『社会薬学』，35(1)，2016，43-44.
[3] 資源エネルギー庁：太陽光発電の導入拡大に向けて（https://www.jpea.gr.jp/wp-content/uploads/sympo39_s1_doc0.pdf）
[4] NEDO：太陽光発電（https://www.nedo.go.jp/activities/ZZJP2_100060.html）
[5] 秋田典子：「太陽光パネルと景観」，『地域生活学研究』，7，2016，72-76.
[6] 浅川初男：「太陽光発電と景観：地域の営みを踏まえた農村空間の有効利用」，『地域生活学研究』，6，2015，46-60.
[7] 木下富雄：「科学技術の進歩と社会的合意」，『北陸地域アイソトープ研究会誌』，3，2001，2-21.
[8] Hitokoto, H., Uchida, Y.：Interdependent happiness: Theoretical importance and measurement validity, J. Happiness Stud., 16, 2015, 211-239.
[9] 内田由紀子：『これからの幸福について―文化的幸福感のすすめ』，新曜社，2020.
[10] 前野隆司：『実践　ポジティブ心理学』，PHP 新書，2017.
[11] 前野隆司，前野マドカ：『ウェルビーイング』，日経文庫，2022.

［12］内閣府政策統括官（経済社会システム担当）：「満足度・生活の質に関する調査報告書 2021　〜我が国の Well-being の動向〜」，令和 3 年 9 月（https://www5.cao.go.jp/keizai2/wellbeing/manzoku/pdf/report05.pdf）

［13］内閣府男女共同参画局：幸福度と生活満足度（男女別）（https://www.gender.go.jp/about_danjo/whitepaper/h26/zentai/html/zuhyo/zuhyo01-00-28.html）

［14］https://www.nedo.go.jp/introducing/iinkai/kenkyuu_bunkakai_23h_jigo_16_1_index.html

［15］NEDO：成果報告書「NEDO プロジェクトにおけるアウトカム指標を用いた成否分析に関する調査」2022 年度調査（報告書管理番号：20220000001183）．

［16］Hui, B. P. H., *et al*：Rewards of kindness? A meta-analysis of the link between prosociality and well-being., Psychol. Bull., 146(12), 2020, 1084-1116.

［17］土堤内昭雄：「幸福という国益—TTP を巡る議論から」，研究員の眼，ニッセイ基礎研究所，2011，1-2.（https://www.nli-research.co.jp/files/topics/39537_ext_18_0.pdf?site=nli）

［18］中嶋明洋：「太陽光発電によるトラブル発生のメカニズムと解決の方向性：専門業者の視点から」，『地域生活学研究』，6，2015，61-70.

［19］吉永明弘：「太陽光発電施設の問題を環境倫理学から読み解く」，『地域生活学研究』，7，2016，77-83.

［20］鈴木晃志郎：「「景観紛争の科学」で読み解く太陽光発電施設雄の立地問題」，『地域生活学研究』，7，2016，84-94.

Rで数量化Ⅲ類と
クロス集計

第3章ではレジャー活動データの集計や分析について解説しています．ここでは同じレジャー活動のデータをフリーソフトウェアRを使って集計・分析する方法を説明します．

A.1　分析対象データ

　レジャー活動の 0-1 型データを csv 型で作成し準備します．**図A.1** のように 18 個の選択肢のデータに「年代」を含めています．

A.2　数量化Ⅲ類

　群馬大学の青木先生が開発された数量化Ⅲ類用のプログラムを利用させていただきます．**図A.2** はその R スクリプトです．詳細はホームページを参照してください．7 行目の qt3 が数量化Ⅲ類の関数であり，x[,2:19] はデータ行列（**図A.1**）の 2 列目から 19 列目までの 18 変数（選択肢）が分析対象であることを指示しています．

　このプログラムを実行すると 17 軸までのすべてのカテゴリースコアとサンプルスコアが求められます．**図A.3** に第 3 軸までの各々のスコアを示しました．さらに 12 行目と 15 行目の plot 関数によってそれぞれ第 1 軸と第 2 軸の散布図（**図A.4**，**図A.5**）を表示することができます．

年代	観光旅行	ドライブ	ゴルフ	つり	園芸	観劇	映画	音楽・展覧会	その他の催し物	スポーツ観戦	登山・ハイキング	スキー・スケート	水泳	その他スポーツ	囲碁・将棋	麻雀	パチンコ	競輪・競馬
20代	0	1	0	0	0	0	0	0	0	0	1	1	0	1	0	0	0	0
20代	0	1	0	0	0	0	0	0	0	1	1	1	0	1	0	0	0	0
20代	0	0	0	0	0	0	1	1	1	0	1	0	0	0	1	0	0	0
20代	0	0	0	0	0	0	0	0	0	0	0	0	0	0	1	1	1	1
20代	0	1	0	0	0	0	0	0	0	1	1	1	1	1	0	0	0	0
20代	0	0	0	0	0	0	0	0	0	1	0	1	1	1	0	0	0	0
20代	0	0	0	0	0	0	1	1	0	0	1	0	1	1	0	0	0	0
30代	0	0	0	0	0	0	0	0	0	0	0	0	0	0	1	1	1	1
30代	0	0	0	0	0	1	1	1	1	0	1	0	0	0	1	1	1	1
30代	0	0	0	0	0	1	1	0	0	0	0	0	0	0	1	1	1	1
30代	1	1	0	0	0	0	0	0	0	0	0	0	0	1	0	1	1	1
30代	1	1	0	0	0	0	0	0	0	0	0	0	0	1	0	1	1	1
30代	1	1	0	0	0	0	0	0	0	1	0	0	0	1	0	1	1	1
30代	1	1	0	0	0	1	1	1	1	1	1	0	1	1	0	1	1	1
30代	0	1	0	0	0	0	1	1	1	0	0	0	0	1	0	1	1	1
40代	1	0	0	0	0	0	1	0	0	0	0	0	0	1	0	1	1	1
40代	0	1	1	0	0	0	0	0	0	0	0	0	0	0	1	1	1	0
40代	0	1	1	0	0	0	0	0	0	0	0	0	0	0	1	1	1	0
40代	0	1	0	0	1	0	0	0	0	0	0	0	0	0	1	0	1	0
40代	1	1	0	0	0	0	0	0	0	0	0	0	0	0	1	1	1	0
40代	0	1	0	1	1	0	0	0	0	0	0	0	1	0	0	1	1	0
40代	0	1	0	0	1	0	0	0	0	0	0	0	1	0	0	1	1	0
50代以上	1	0	0	1	1	0	0	0	0	0	0	0	0	0	0	1	1	1
50代以上	1	0	0	1	1	0	0	0	0	0	0	0	0	0	1	1	1	1
50代以上	1	0	0	1	1	1	0	0	0	0	0	0	0	0	1	0	1	1
50代以上	1	1	1	1	0	1	0	0	0	0	0	0	0	0	0	0	0	0
50代以上	1	0	0	1	1	0	0	0	0	0	0	0	0	0	1	0	0	0
50代以上	1	0	0	1	1	1	0	0	0	0	0	0	0	0	1	0	0	0
50代以上	1	0	0	1	1	0	0	0	0	0	0	0	0	0	1	0	0	0
50代以上	1	0	0	1	1	0	0	0	0	0	0	0	0	0	0	0	0	0
50代以上	1	1	1	0	1	0	0	0	0	0	0	0	0	0	0	0	0	0

図A.1 レジャー活動データ

```
1  # 群馬大学青木氏のプログラムのインストール
2  source("http://aoki2.si.gunma-u.ac.jp/R/src/qt3.R",
     encoding="euc-jp")
3  # データファイルの取り込み
4  x=read.csv("レジャー活動データ.csv", header=T)
5  x[,2:19] <- lapply(x[,2:19], factor)
6  # 数量化III類の実行
7  res3rui=qt3(x[,2:19])
8  str(res3rui)
9  # 結果の出力
10 summary(res3rui)
11 # カテゴリースコアの図
12 plot(res3rui, pch=19, label.cex=0.5)
13 dev.new()
14 # サンプルスコアの図
15 plot(res3rui, which="sample.score", label.cex=0, col
     =(1:5)[as.integer(x[,1])])
```

図A.2 Rによる数量化III類

$Category.score

	解1	解2	解3
観光旅行	-0.591	-0.051	0.227
ドライブ	0.312	-0.076	0.679
ゴルフ	-0.728	0.544	1.925
つり	-1.105	0.506	0.847
園芸	-0.911	0.597	0.725
観劇	-0.456	1.387	-0.459
映画	1.118	2.575	-1.668
音楽.展覧会	1.587	2.631	-2.131
その他の催し物	0.730	0.501	-1.330
スポーツ観戦	0.721	-0.179	-0.052
登山.ハイキング	1.860	0.111	0.083
スキー.スケート	2.080	-0.950	0.898
水泳	1.893	-2.161	1.185
その他スポーツ	1.602	-0.510	0.778
囲碁.将棋	-0.902	0.500	0.033
麻雀	-0.579	-1.007	-0.686
パチンコ	-0.712	-1.257	-1.661
競輪.競馬	-0.627	-1.347	-1.283

$Sample.score

	解1	解2	解3
#1	1.879	-0.549	1.086
#2	1.688	-0.494	0.850
#3	0.841	1.804	-1.245
#4	-0.905	-1.198	-1.602
#5	0.934	-1.263	-0.012
#6	2.021	-1.464	1.251
#7	1.468	-1.481	0.756
#8	2.118	1.188	-0.726
#9	-0.821	-1.854	-2.155
#10	0.784	1.669	-0.833
#11	0.592	1.943	-1.293
#12	-0.227	-1.191	-1.070
#13	0.020	-0.578	0.404
#14	-0.519	-1.052	-0.908
#15	0.338	-0.084	1.267
#16	1.232	-0.254	0.327
#17	1.203	2.169	-1.981
#18	-0.226	-0.857	-1.420
#19	-0.780	0.605	1.859
#20	-0.966	0.069	-0.439
#21	-0.700	-0.426	0.527
#22	0.067	0.244	0.089
#23	-0.559	0.486	1.234
#24	-1.085	0.351	1.013
#25	-0.979	-0.401	-0.061
#26	-0.551	-0.218	-0.743
#27	-0.876	-0.974	-1.200
#28	-0.932	0.045	-0.299
#29	-0.310	1.254	0.460
#30	-0.973	0.919	1.163
#31	-1.015	0.611	0.164
#32	-1.005	0.612	1.296
#33	-1.013	-0.478	-0.408
#34	-1.018	0.905	0.489
#35	-0.615	0.390	1.583

図A.3 カテゴリースコアとサンプルスコア（第3軸（解）まで）

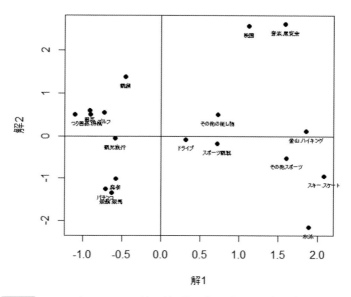

図A.4 カテゴリースコア第 1 軸（解 1）と第 2 軸（解 2）の散布図

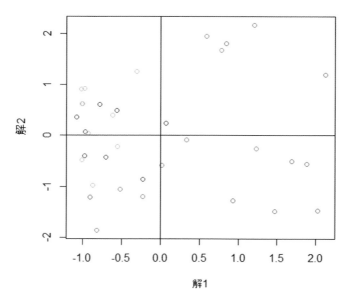

図A.5 サンプルスコア第 1 軸（解 1）と第 2 軸（解 2）の散布図

A.3 0–1型データのクロス集計

図A.1 に示した18個のレジャー活動の間のクロス集計，年代とレジャー活動のクロス集計を実行してみましょう．**図A.6** の8〜10行目では入力されたデータの2〜19列目までのレジャー活動間のクロス集計を実行しています．関数 table を利用して集計しています．**図A.7** はそのアウトプットです．

```
1  # データファイルの取り込み
2  x=read.csv("レジャー活動データ.csv", header=T)
3  # 年代のカテゴリー数
4  nc=4
5  # レジャー活動の種類数
6  nv=18
7  # レジャー活動の間のクロス集計
8  cross1=matrix(,nv,nv)
9  for (i in 1:nv) {for (j in 1:nv){cross1[i,j]=table(x[,i
   +1],x[,j+1])[2,2]}}
10 cross1
11 # 年代の単純集計
12 table(x[,1])
13 # 年代とレジャー活動のクロス集計
14 cross2=matrix(,nc,nv)
15 for (j in 1:nv) {for (i in 1:nc){cross2[i,j]=table(x[,1],
   x[,j+1])[i,2]}}
16 cross2
```

図A.6 Rによる0-1型データのクロス集計

```
> cross1
      [,1] [,2] [,3] [,4] [,5] [,6] [,7] [,8] [,9] [,10] [,11] [,12] [,13] [,14] [,15] [,16] [,17] [,18]
[1,]    16    7    6    6    9    5    1    0    3     6     1     1     0     3     3     5     6     7
[2,]     7   15    7    4    4    1    2    1    3     8     4     4     1     6     1     4     3     5
[3,]     6    7   10    6    6    2    1    0    0     3     0     0     2     3     3     0     2     2
[4,]     6    4    6   12   10    6    1    0    0     1     0     0     0     4     6     3     3     3
[5,]     9    4    6   10   15    7    1    1    1     4     0     0     1     5     5     5     4     3
[6,]     5    1    2    6    7   10    4    2    0     4     1     0     0     1     3     3     3     1
[7,]     1    2    1    1    1    4    6    4    1     3     2     1     0     2     1     0     0     0
[8,]     0    1    0    0    1    2    4    4    1     2     2     1     0     2     1     0     0     0
[9,]     3    3    0    0    1    0    1    1    4     3     1     1     0     1     0     1     1     1
[10,]    6    8    3    1    4    4    3    2    3    15     4     5     3     8     2     5     4     5
[11,]    1    4    0    0    0    1    2    2    1     4     6     5     1     5     1     1     1     1
[12,]    1    4    0    0    0    0    1    1    1     5     5     7     3     7     0     2     1     1
[13,]    0    1    0    0    0    0    0    0    0     3     1     3     3     3     0     2     1     1
[14,]    3    6    2    0    1    1    2    2    1     8     5     7    10     0     3     1     2
[15,]    3    1    3    4    5    3    1    1    0     2     1     0     0     0     8     4     2     2
[16,]    5    4    3    6    5    3    0    0    1     5     1     2     3     4    14     8     9
[17,]    6    3    0    3    4    3    0    0    1     4     1     1     1     2     8    11     9
[18,]    7    5    2    3    3    1    0    0    1     5     1     1     1     2     2     9     9    12
```

図A.7 レジャー活動間のクロス集計

図A.6 の 12 行目で年代の単純集計を行い，14〜16 行目では年代と 18 個の
レジャー活動のクロス集計を実行しています．図A.8 にこれらのアウトプッ
トを示します．

```
> table(x[,1])
    20代  30代  40代  50代以上
      8     9     8    10

> cross2
       [,1] [,2] [,3] [,4] [,5] [,6] [,7] [,8] [,9] [,10] [,11] [,12] [,13] [,14] [,15] [,16] [,17] [,18]
[1,]     0    3    0    0    0    1    2    2    0    5     5     6     3     6     2     3     2     2
[2,]     4    6    2    0    1    2    3    2    2    6     1     1     0     4     0     3     3     4
[3,]     3    4    4    6    6    1    0    0    2    3     0     0     0     0     2     5     2     3
[4,]     9    2    4    6    8    6    1    0    0    1     0     0     0     0     4     3     4     3
```

図A.8 年代の単純集計とレジャー活動とのクロス集計

付録 B Rで因子分析

第4章の街イメージデータを事例にして，Rを利用して因子分析を行う方法を紹介します．関数 `factanal` を利用する場合は，因子数，回転の方法などを事前に決めなければなりませんが，因子数を決める際に有効なスクリープロットの描き方も併せて説明します．

B.1 分析対象データ

分析対象の街イメージデータを再掲します（ **図B.1** ）．このデータを csv

no	性別	年代	勤続年数	x1	x2	x3	x4	x5	x6	x7	x8	x9	x10	x11	x12	x13	x14	x15	x16
1	2.女性	1.20代以下	3.5年未満	3	3	3	4	3	5	3	3	4	3	3	3	3	4	3	3
2	1.男性	2.30代	1.1年未満	4	4	4	3	3	3	3	3	3	3	3	3	3	3	3	3
3	1.男性	1.20代以下	4.10年未満	4	4	4	1	4	2	2	5	1	2	2	4	4	4	4	4
4	2.女性	2.30代	4.10年未満	2	2	3	4	3	4	3	5	4	4	2	3	3	4	4	4
5	2.女性	1.20代以下	3.5年未満	2	3	5	4	4	4	3	3	3	4	2	2	2	3	4	4
6	2.女性	4.50代以上	5.10年以上	3	4	4	3	5	5	3	5	5	3	3	3	3	3	5	5
7	2.女性	2.30代	2.3年未満	2	2	3	4	3	5	1	4	4	3	2	4	4	4	4	4
8	2.女性	3.40代	2.3年未満	4	3	4	3	5	3	4	3	4	3	4	4	3	4	4	4
9	1.男性	4.50代以上	5.10年以上	4	4	4	4	4	2	3	2	4	4	4	4	4	4	4	4
10	1.男性	1.20代以下	3.5年未満	3	3	4	3	4	2	3	3	2	2	3	3	3	4	3	3
11	2.女性	1.20代以下	2.3年未満	4	4	4	4	2	3	3	3	3	3	3	3	4	4	2	4
12	2.女性	1.20代以下	2.3年未満	3	4	4	5	4	5	5	4	4	3	5	5	5	4	5	5
14	2.女性	2.30代	1.1年未満	3	4	3	4	3	3	3	3	4	3	3	3	3	4	3	3
15	1.男性	4.50代以上	5.10年以上	3	5	4	3	3	3	3	3	3	3	3	3	3	3	4	4
16	1.男性	1.20代以下	2.3年未満	3	4	4	4	4	5	3	4	4	4	4	4	4	4	4	4
17	2.女性	1.20代以下	3.5年未満	5	3	4	3	4	2	4	4	4	2	4	4	4	4	4	4
18	1.男性	2.30代	3.5年未満	4	4	5	4	5	4	2	4	4	3	3	3	3	3	4	4
19	2.女性	1.20代以下	2.3年未満	5	4	5	5	5	3	2	5	2	3	4	4	3	3	4	4
20	2.女性	1.20代以下	3.5年未満	3	5	5	5	3	5	3	4	3	5	5	2	2	4	4	5

図B.1　街イメージのデータ（csv形式で保存）

街のイメージ	短縮表現	変数名
1. 活気のあるまちである	活気のある	x1
2. どことなく明るいまちである	明るい	x2
3. 何と言ってもおしゃれなまちである	おしゃれな	x3
4. 歴史の古いまちである	歴史のある	x4
5. 魅力あふれるまちである	魅力のある	x5
6. のんびりした雰囲気のまちである	のんびりした	x6
7. 発展的な感じがするまちである	発展的な	x7
8. 清潔感のあるまちである	清潔な	x8
9. 静かな落ち着いたまちである	静かな	x9
10. 大人のまちを感じさせる	大人の	x10
11. 高級感がただようまちである	高級な	x11
12. カジュアルな感じがするまちである	カジュアルな	x12
13. 開放感のあるまちである	開放的な	x13
14. 温かみが感じられるまちである	温かみのある	x14
15. 安心安全なまちと言える	安全な	x15
16. いつ行っても楽しいまちである	楽しい	x16

図B.2 変数名と項目名の対応

形式で準備しました．5～20列目に16個の街イメージのデータが入力され，そのほか性別などの外部変数を含めています．変数名（x1～x16）と実際の街イメージ調査の項目名との対応は **図B.2** の通りです．

B.2 因子数の決定

　因子数を決めるときに有効なスクリープロットをRで描く方法を **図B.3** に示しました．16項目のイメージデータの相関行列（cor.mat）と固有値（eigen.v）を算出し，それをプロットします（ **図B.4** ）．一般に，推奨される因子の数は，固有値が1.0以上で，この例の場合は4個となります．第4章ではこの値を採用して分析しています．スクリープロットはほかにもいろいろな情報を提供してくれます．たとえば最初の固有値が非常に大きいことが分かりますが，これは16個の街のイメージ項目が全体として互いに相関があることを示しています．第4章の相関行列をもう一度確認してみましょう．

```
1  # データファイルの取り込み
2  x=read.csv("R街イメージデータ.csv", header=T)
3  # 分析対象変数の選択
4  a=c(5:20)
5  dx=x[,a]
6  # 相関行列を求める
7  cor.mat=cor(dx)
8  # 相関行列の固有値の算出
9  eigen.v=eigen(cor.mat)$value
10 # スクリープロット
11 plot(eigen.v, type="b")
```

図B.3 R でスクリープロット

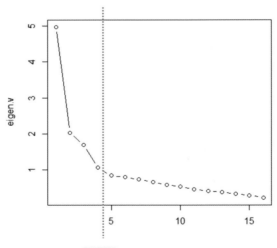

図B.4 スクリープロット

B.3　因子分析の実行

　Rでは関数 factanal を利用して因子分析を行うことができます．初期解は最尤法でもとめ，分析者が指定した回転方法（rotation）と因子スコアの推定法（scores）に基づいて計算されます．**図B.5** にプログラム例を示しました．4〜9行目で分析対象データ（dx）や因子数（nf）などを設定し，11行目で回転方法を直交回転 "varimax"，因子スコアの推定法を "regression" として因子分析（factanal）を実行しています．回転方法を斜交回転（promax）で実行する場合は13行目を実行します（# 記号は実行しないコメント行であることを表す）．すべての分析結果を resfa に保存しています．

　因子負荷量は $loadings，因子スコアは $scores として参照することができます．17行目以降で以下に示すようないろいろな結果を出力しています．

```
1  # 関数plotmeansを利用のため
2  library(gplots)
3  # データファイルの取り込み
4  x=read.csv("R街イメージデータ.csv",header=T)
5  # 分析対象変数の選択
6  a=c(5:20)
7  dx=x[,a]
8  # 因子数の設定
9  nf=4
10 # 因子分析（バリマックス回転）
11 resfa=factanal(dx, factors=nf, rotation ="varimax",scores="
   regression")
12 # 因子分析（プロマックス回転）
13 #resfa=factanal(dx, factors=nf, rotation ="promax",scores="
   regression")
14 # 結果（因子負荷量etc.）の出力
15 #resfa
16 # （同上，非表示部の解消）
17 print(resfa, cutoff=F)
18 # 因子負荷量のグラフ（例：1軸）
19 barplot(resfa$loadings[,1], las=2)
```

図B.5　Rで因子分析

```
20  # 因子負荷量のプロット（例：1軸と2軸）
21  dev.new()
22  plot(resfa$loadings[,1], resfa$loadings[,2], type="n")
23  text(resfa$loadings[,1], resfa$loadings[,2], colnames(dx))
24  # 因子スコア（scores）の出力
25  round(resfa$scores[,1:nf], 3)
26  # 因子スコアのプロット（例：1軸と2軸）
27  dev.new()
28  plot(resfa$scores[,1], resfa$scores[,3],col=x[,3])
29  # 年代別因子スコアの箱ひげ図
30  dev.new()
31  boxplot(resfa$scores[,1]~x[,3], xlab="年代", main="因子1")
32  dev.new()
33  boxplot(resfa$scores[,2]~x[,3], xlab="年代", main="因子2")
34  dev.new()
35  boxplot(resfa$scores[,3]~x[,3], xlab="年代", main="因子3")
36  dev.new()
37  boxplot(resfa$scores[,4]~x[,3], xlab="年代", main="因子4")
38  # 因子スコアの年代別平均値
39  # 平均値をプロットして形式的に差を検定
40  by(resfa$scores[,1:4], x[,3], colMeans)
41  dev.new()
42  plotmeans(resfa$scores[,1]~x[,3], ylim=c(-0.5,0.5), main="因子1")
43  oneway.test(resfa$scores[,1]~x[,3], var=T)
44  dev.new()
45  plotmeans(resfa$scores[,2]~x[,3], ylim=c(-0.5,0.5), main="因子2")
46  oneway.test(resfa$scores[,2]~x[,3], var=T)
47  dev.new()
48  plotmeans(resfa$scores[,3]~x[,3], ylim=c(-0.5,0.5), main="因子3")
49  oneway.test(resfa$scores[,3]~x[,3], var=T)
50  dev.new()
51  plotmeans(resfa$scores[,4]~x[,3], ylim=c(-0.5,0.5), main="因子4")
52  oneway.test(resfa$scores[,4]~x[,3], var=T)
```

【注】loadings … 因子負荷量, scores … 因子スコア

図 B.5 R で因子分析（つづき）

■B.3.1　17 行目の出力結果（ 図 B.6 ）

関数 factanal を利用して因子分析した結果（resfa）から 4 因子の因子負荷量と因子の特性値に関する部分を抜き出して示しています．このほかに独自因子に関する情報や斜交因子モデル（promax）の場合は因子間の相関行列なども出力されます．

因子行列
4 因子（Factor）の因子負荷量

Loadings:

	Factor1	Factor2	Factor3	Factor4
x1	0.406	0.244	−0.045	0.679
x2	0.497	0.280	−0.079	0.660
x3	0.852	0.056	0.038	0.186
x4	0.140	0.197	0.310	0.012
x5	0.732	0.265	0.166	0.102
x6	−0.011	0.350	0.373	−0.232
x7	0.475	0.128	0.108	0.312
x8	0.376	0.223	0.248	0.147
x9	0.016	0.126	0.538	−0.106
x10	0.205	−0.046	0.747	0.096
x11	0.538	−0.186	0.444	0.178
x12	0.042	0.388	−0.067	0.094
x13	0.251	0.590	0.058	0.132
x14	0.100	0.758	0.238	0.098
x15	0.089	0.447	0.269	0.049
x16	0.567	0.485	0.159	0.140

	Factor1	Factor2	Factor3	Factor4
SS loadings	2.795	2.001	1.552	1.225
Proportion Var	0.175	0.125	0.097	0.077
Cumulative Var	0.175	0.3	0.397	0.473

因子の特性値
SS loadings：寄与量
Proportion Var：寄与率
Cumulative Var：累積寄与率

図 B.6　因子行列と因子特性値

■B.3.2　19 行目の出力結果（ 図 B.7 ）

因子負荷量をグラフ化することによって因子を解釈して，因子に命名するときに役に立ちます．図の通り，因子 1 の因子負荷量の値が大きいのは x3（おしゃれ）や x5（魅力のある）などの項目です．第 4 章では Excel シートのセル内に［条件付き書式］機能を使って数値と一緒に棒グラフを追記しています．

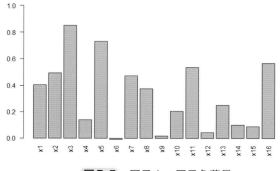

図B.7 因子1の因子負荷量

■ B.3.3 21〜23行目の出力結果（**図B.8**）

2因子の因子負荷量を平面上にプロットすることによって，互いの位置関係を考慮しながら各々の因子を解釈できます．

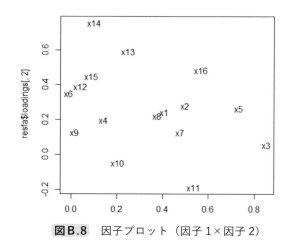

図B.8 因子プロット（因子1×因子2）

■ B.3.4 25行目の出力結果（**図B.9**）

4因子の因子スコア（因子得点）を出力しています．外部変数との関係性などを分析したり，サンプル別の特徴を調べたりする場合に利用します．

	Factor1	Factor2	Factor3	Factor4
[1,]	−0.770	0.133	0.229	−0.524
[2,]	−0.108	−0.733	−0.728	0.657
[3,]	0.236	0.748	−2.100	0.135
[4,]	−0.658	0.394	0.770	−1.593
[5,]	1.328	−1.607	−0.305	−1.568
[6,]	0.710	0.076	1.315	−0.559
[7,]	−0.779	0.361	0.494	−1.827
[8,]	−0.577	0.094	0.060	−0.370
[9,]	0.269	0.025	−0.172	0.546
[10,]	−0.849	0.381	−0.939	−0.655
[11,]	0.299	0.035	−0.883	0.354
[12,]	1.282	1.554	−0.046	−1.068
[13,]	−0.804	0.980	−0.523	−0.097
[14,]	−0.588	−0.526	−0.581	0.945
[15,]	0.322	0.106	0.868	−0.312

図B.9 因子スコア（因子得点）

◼ B.3.5 27 〜 28 行目の出力結果（ 図B.10 ）

2つの因子スコアを平面上にプロットしています．外部変数と組み合わせて層別プロットを行うとカテゴリー別の違いを視覚的に確認することができます．

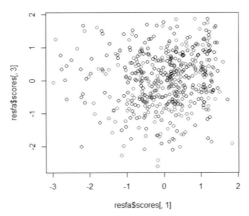

図B.10 因子スコアのプロット（因子1×因子3）

◼ B.3.6 30 〜 37 行目の出力結果（ 図B.11 ）

年代別に因子1の因子スコアをボックスプロットで比較しています．箱の中の太線は中央値のラインですが，40代がほかの年代に比べて若干小さいようです．

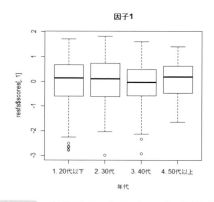

図 B.11　年代別ボックスプロット（箱ひげ図）

■ B.3.7　40 ～ 52 行目の出力結果（ 図 B.12 ）

　年代別に因子スコアの平均値を比較しています．ボックスプロットと同様に年代別に差があるように見えますが，統計的に有意な差は検出できないようです．

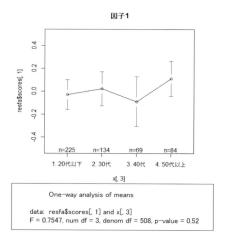

図 B.12　年代別因子スコアの平均値と差の検定

　4.3 節の因子分析の解説の中では，ここで示した出力結果の一部と Excel で編集したグラフを使っています．

索　引

著者略歴

牛澤賢二 ［第1-5章，付録A・B］

1952年　山形県に生まれる
1976年　東京理科大学理学部応用数学科卒業
2002年　産業能率大学教授
現　在　株式会社シード・プランニング顧問
　　　　博士（工学）
主著
『マーケティング調査入門』（培風館，2007），『やってみようテキストマイニング
―自由回答アンケートの分析に挑戦！―』（朝倉書店，2018/2021），ほか

和泉茂一 ［第6章］

1962年　京都府に生まれる
1988年　同志社大学大学院工学研究科電気工学専攻（博士前期課程）修了
2021年　国立研究開発法人新エネルギー・産業技術総合開発機構評価部主査
現　在　国立研究開発法人新エネルギー・産業技術総合開発機構イノベーション
　　　　推進部主査
　　　　博士（工学，大阪大学），修士（商学，早稲田大学），修士（カウンセリ
　　　　ング，筑波大学）

やってみようアンケートデータ分析
―選択式回答のテキストマイニング流分析―　　定価はカバーに表示

2024年6月1日　初版第1刷

著　者　牛　澤　賢　二

　　　　和　泉　茂　一

発行者　朝　倉　誠　造

発行所　株式会社　朝　倉　書　店

東京都新宿区新小川町 6-29
郵便番号　162-8707
電　話　03（3260）0141
ＦＡＸ　03（3260）0180
https://www.asakura.co.jp

〈検印省略〉

© 2024〈無断複写・転載を禁ず〉　　シナノ印刷・渡辺製本

ISBN 978-4-254-12300-5　C 3041　　Printed in Japan

やってみよう テキストマイニング ［増訂版］
―自由回答アンケートの分析に挑戦！―

牛澤 賢二 (著)

A5 判／192 頁　978-4-254-12261-9 C3041　定価 2,970 円（本体 2,700 円＋税）

知識・技術・資金がなくてもテキストマイニングができる！ 手順に沿って実際のアンケート結果を分析しながら，データの事前編集，単語抽出，探索的分析，仮説検証的分析まで楽しく学ぶ。最新の KH Coder 3 に対応した待望の改訂版。

Excel による統計入門 （第 4 版）

縄田 和満 (著)

A5 判／208 頁　978-4-254-12243-5 C3041　定価 3,190 円（本体 2,900 円＋税）

初版刊行から 20 年以上版を重ねる定番テキストの最新改訂。文字の入力方法に始まり，表計算，グラフ作成，データ整理など Excel 操作の基礎を学んだ後，記述統計量，二次元データの分析，推定・検定，回帰分析など統計学の基礎へ展開。

Python によるビジネスデータサイエンス 1 データサイエンス入門

笹嶋 宗彦 (編)

A5 判／136 頁　978-4-254-12911-3 C3341　定価 2,750 円（本体 2,500 円＋税）

データの見方の基礎を身につける。サポートサイトにサンプルコードあり。〔内容〕データを見る／関係性を調べる／高度な分析（日本人の米離れ／気温からの売上予測／他）／企業の応用ケース／付録：Anaconda による環境構築／他

宇宙怪人しまりす統計よりも重要なことを学ぶ

佐藤 俊哉 (著)

A5 判／120 頁　978-4-254-12297-8 C3041　定価 2,200 円（本体 2,000 円＋税）

あの宇宙怪人が装いも新たに帰ってきた！ 地球征服にやってきたはずが，京都で医療統計を学んでいるしまりすと先生のほのぼのストーリー。統計的に有意は禁止となるのか，観察研究で未知の要因の影響は否定できないのか，そもそも統計よりも重要なことはあるのか。

瀕死の統計学を救え！　―有意性検定から「仮説が正しい確率」へ―

豊田 秀樹 (著)

A5 判／160 頁　978-4-254-12255-8 C3041　定価 1,980 円（本体 1,800 円＋税）

米国統計学会をはじめ科学界で有意性検定の放棄が謳われるいま，統計的結論はいかに語られるべきか？ 初学者歓迎の軽妙な議論を通じて有意性検定の考え方と p 値の問題点を解説，「仮説が正しい確率」に基づく明快な結論の示し方を提示。

上記価格は 2024 年 5 月現在